수질오염

Contents

CHAPTER 1 · 수질화학 3

1. 수질환경 기초 단위 / 3
2. 농도 / 6
3. 동력 / 8
4. 산화·환원 반응 / 8
5. 산화·환원 전위(Oxidation Reduction Potential ; ORP) / 10

* 실전연습문제 / 11

6. 평형상수(K), 물의 이온곱상수(K_w), 이온적(Q), 용해도적(Ksp) / 16
7. pH / 18
8. 완충방정식 / 19
9. 적정 공식 / 21

* 실전연습문제 / 22

CHAPTER 2 · 반응식 및 반응조 26

1. 반응속도식 / 26
2. 반감기 / 27
3. 반응조의 종류 / 28

* 실전연습문제 / 32

Contents

CHAPTER 3 · 수자원 및 물의 특성 ······ 35

1. 수자원 / 35
2. 물의 특성 / 36
3. 수자원의 특성 / 38
4. SAR(Sodium Adsorption Ratio) : 나트륨 흡착률 / 41

＊실전연습문제 / 42

CHAPTER 4 · 수질 미생물학 ······ 47

1. 미생물의 분류 및 특성 / 47
2. 미생물의 종류 / 49
3. 미생물의 성장 단계 / 54
4. 미생물의 성장 동력학 / 55

＊실전연습문제 / 57

CHAPTER 5 · 수질오염지표 ······ 61

1. 용존산소(DO ; Dissolved Oxygen) / 61
2. 생물화학적 산소요구량(BOD ; Biochemical Oxygen Demand) / 62
3. 화학적 산소요구량(COD ; Chemical Oxygen Demand) / 68
4. 총유기탄소(TOC ; Total Organic Carbon) / 69
5. 산소요구량(OC ; Oxygen Consumption) / 70
6. SOD(Sediment Oxygen Demand : 침전물 산소요구량) / 70

＊실전연습문제 / 71

7. 경도(Hardness) / 81
8. 알칼리도(Alkalinity) / 82
9. 부유물질(SS ; Suspended Solids) / 85

＊실전연습문제 / 89

CHAPTER 6 · 하천수의 수질관리 ······ 92

1. 하천의 자정작용 / 92
2. 자정계수(f)의 특징 / 93
3. 용존산소(DO) / 94

* 실전연습문제 / 97
4. 하천의 정화단계 / 105
5. 하천의 모형화 / 108
6. 유해물질의 종류 및 특성 / 111
7. 소독 및 살균 / 113
8. BIP와 BI / 115
9. 유독성 단위(TU ; Toxic Unit) / 115
10. 이온강도(I) / 116
* 실전연습문제 / 117

CHAPTER 7 • 호소수의 수질관리 123
1. 호수의 수질관리 / 123
2. 성층현상 및 전도현상 / 124
3. 호수의 부영양화 / 126
* 실전연습문제 / 128

CHAPTER 8 • 해수의 수질관리 131
1. 해수의 특성 / 131
2. 적조현상 / 133
* 실전연습문제 / 135

CHAPTER 9 • 수질오염개론 공식정리 138
1. 수질오염개론 주요공식 / 138
2. 수질오염개론 주요반응식 정리 / 146

CHAPTE 10 • 종합평가문제[1~3편] 148
1. 1편 / 148 2. 2편 / 152 3. 3편 / 155

CHAPTE 11 • 종합평가문제[1~3편] 풀이 및 정답 158
1. 1편 / 158 2. 2편 / 162 3. 3편 / 165

본 교재는 환경을 전공하는 학생들을 위해 대학에서 전공교재나 참고도서로 사용할 수 있도록 집필된 환경전문도서이며, 수질환경을 공부하는 학생들에게 수질오염에 대한 개념과 이론을 정립해 수질환경을 폭넓게 이해함과 동시에 나아가 수질환경자격증 시험에 도움이 될 수 있도록 저술된 수질환경 전문도서입니다.

※ 본 교재의 특징

1. 본 교재는 CHAPTER별로 이론을 체계적으로 정리하여 수록하였으며, 중요내용은 별표로 표기하여 학생들로 하여금 한번 더 중요성을 인식하도록 하였으며, 중요한 계산공식에는 예제문제를 통해 바로바로 적용시켜 공식을 보다 쉽게 이해하도록 하였습니다.
2. 본 교재는 CHAPTER별로 실전문제를 수록하여 학습내용을 한번 더 정리함은 물론이고 수질환경 자격증 시험에 출제되는 실전문제까지 대비하도록 하였습니다.
3. 본 교재는 실전문제 중 계산문제에 대한 공식은 물론이고 공식에 대한 상세한 설명으로 보다 쉽게 공식을 이해하고 풀이를 할 수 있도록 하였습니다.
4. 본 교재는 계산문제 풀이를 위해 기초적인 개념이나 단위환산이 필요한 문제는 Tip을 통해 문제풀이에 꼭 필요한 단위를 한번 더 정리하여 실력을 배양하도록 하였습니다.

아무쪼록 본 교재를 통하여 수질오염을 배우는 학생들이 수질환경을 보다 쉽게 접하고 이해할 수 있기를 바라며, 저자와 출판사 임직원 모두는 최고의 환경 전문도서를 만들기 위해 최선의 노력을 다하고 있습니다.

마지막으로 본 교재가 출간되기까지 수고를 아끼지 않으신 도서출판 구민사 조규백 대표님을 비롯한 임직원 여러분, 그리고 환경전문 고려종합기술학원 식구들, 그리고 물심양면으로 도와주시는 여러분들께 진심으로 감사의 말씀을 드립니다.

저자 씀

water pollution

수질오염

제1장 수질화학

제2장 반응식 및 반응조

제3장 수자원 및 물의 특성

제4장 수질 미생물학

제5장 수질오염지표

제6장 하천수의 수질관리

제7장 호소수의 수질관리

제8장 해수의 수질관리

제9장 수질오염개론 공식정리

제10장 종합평가문제[1~3편]

제11장 종합평가문제[1~3편] 풀이 및 정답

water pollution

Chapter 01

수질화학

01 수질환경 기초 단위

1. 계량의 단위 및 기호

종 류	단 위	기 호	종 류	단 위	기 호
길 이	미터	m	용 량	킬로리터	kL
	센티미터	cm		리터	L
	밀리미터	mm		밀리리터	mL
	마이크로미터	μm		마이크로리터	μL
	나노미터	nm			
무 게	킬로그램	kg	부 피	세제곱미터	m^3
	그램	g		세제곱센티미터	cm^3
	밀리그램	mg		세제곱밀리미터	mm^3
	마이크로그램	μg			
	나노그램	ng	압 력	기압	atm
넓 이	제곱미터	m^2		수은주밀리미터	mmHg
	제곱센티미터	cm^2		수주밀리미터	mmH_2O
	제곱밀리미터	mm^2			

2. 기본단위(Unit)

단위계	길 이	질 량	시 간
M·K·S 단위	m	kg	sec
C·G·S 단위	cm	g	sec

① M·K·S의 대표적인 단위는 N(뉴튼) 단위이며 $1N = kg \cdot m/sec^2$의 단위로 표기한다.

② C·G·S의 대표적인 단위는 dyne(다인) 단위이며 $1dyne = g \cdot cm/sec^2$의 단위로 표기한다.

③ $1N = 10^5 dyne$이 된다.

3. 레이놀드 수(Re)

① 원형일 경우

$$Re = \frac{D \times V \times \rho}{\mu} = \frac{D \times V}{\nu}$$

Re : 레이놀드 수
V : 유속(m/sec 또는 cm/sec)
μ : 점성계수(kg/m · sec 또는 g/cm · sec)
D : 직경(m 또는 cm)
ρ : 물의 밀도(kg/m^3 또는 g/cm^3)
ν : 동점성계수(m^2/sec 또는 cm^2/sec)

TIP

cm^2/sec = stoke 단위

② 장방형일 경우

$$Re = \frac{D_o \times V \times \rho}{\mu} = \frac{D_o \times V}{\nu}$$

D_o : 환산직경(m)
D_o = 4×경심(R)

③ 경심(R)

㉠ 원형일 경우

$$경심(R) = \frac{단면적}{윤변의\ 길이} = \frac{\frac{\pi D^2}{4}(m^2)}{\pi \cdot D(m)} = \frac{D}{4}(m)$$

㉡ 장방형일 경우

$$경심(R) = \frac{단면적}{윤변의\ 길이} = \frac{b \times h}{b + 2h}(m)$$

b : 폭(m)
h : 수두(m)

Question 01

20℃의 물이 6.0m/hr의 여과속도로 균일한 모래상을 흐르고 있다. 모래입자는 직경이 0.4mm이고, 비중이 2.65일 때 Reynolds 수를 계산하시오. (단, 20℃에서 물의 비중량은 998.2kg/m^3, 점성계수는 1.002×10^{-3}kg/m · sec)

풀이

$$Re = \frac{D \times V \times \rho}{\mu} = \frac{0.4 \times 10^{-3}m \times 6.0m/hr \times 1hr/3600sec \times 998.2kg/m^3}{1.002 \times 10^{-3}kg/m \cdot sec} = 0.66$$

★★★ 4. 차원 및 동점성 계수

차원이란 길이를 [L], 질량을 [M], 시간을 [T]로 표시하는 것을 말한다.

① 동점성계수(Kinematic Viscosity) = $\dfrac{\mu(\text{점성계수})}{\rho(\text{밀도})}$

즉, 물의 동점성계수는 점성계수(μ)를 밀도(ρ)로 나눈 값이다.

[동점성계수(cm^2/sec), μ : 점성계수(g/cm · sec), ρ : 밀도(g/cm^3)

② 단위 : 밀도－g/cm^3, 동점성계수－cm^2/sec, 압력－dyne/cm^2, 점성계수－g/cm · sec, 표면장력－dyne/cm

③ CGS계로 표시한 차원

㉠ 동점성계수[L^2T^{-1}]

㉡ 밀도[ML^{-3}]

㉢ 점성계수[$ML^{-1}T^{-1}$]

㉣ 유량[L^3T^{-1}]

[M : 질량, L : 길이, T : 시간

5. 온도

온도는 섭씨온도(℃), 화씨온도(°F), 절대온도(°K)로 나타낸다.

① °F →℃ : (°F－32) ÷ 1.8

② ℃ → °F : (℃ × 1.8) ＋ 32

③ ℃ → °K : 273 ＋ ℃

④ °F → °R : °F ＋ 460

6. 압력(표준압력)

① 1atm = 760mmHg = 10,332mmH_2O = 10,332mm수주 = 10,332mmAq
　= 10,332kg/m^2 = 1.0332kg/cm^2 = 1013.2mbar = 101.35kPa = 14.7PSI

★★ ② 수은주 비중 = $\dfrac{10{,}332\text{mmH}_2\text{O}}{760\text{mmHg}} = 13.6$, $\begin{cases} \text{mmH}_2\text{O} \div 13.6 = \text{mmHg} \\ \text{mmHg} \times 13.6 = \text{mmH}_2\text{O} \end{cases}$

Question 02

수은주 높이 200mm는 수주로 몇 mm인가?

풀이 200mmHg × 13.6 = 2720mm 수주

7. 밀도, 비중, 비중량

① 밀도(Density)는 단위부피당 질량이며 $\frac{\text{질량(g)}}{\text{부피(cm}^3\text{)}}$ 으로 표시한다.

② 비중(Specipic Weight)은 표준물질의 밀도에 대한 물체의 밀도의 비이며,

$\frac{\text{물체의 무게}}{\text{4℃ 물의 무게}} = \frac{\text{물체의 밀도}}{\text{4℃ 물의 밀도}}$ 로 표시한다.

③ 비중은 단위가 없으므로 무차원수이고 밀도는 C·G·S 단위로 표기하고, 비중량은 M·K·S 단위로 표기한다.

02 농도

1. 농도

① 백분율(Parts Per Hundred)은 용액 100mL 중의 성분무게(g), 또는 기체 100mL 중의 성분무게(g)를 표시할 때는 W/V%, 용액 100mL 중의 성분용량(mL), 또는 기체 100mL 중의 성분용량(mL)을 표시할 때는 V/V%, 용액 100g 중 성분용량(mL)을 표시할 때는 V/W%, 용액 100g 중 성분무게(g)를 표시할 때는 W/W%의 기호를 쓴다. 다만, 용액의 농도를 "%"로만 표시할 때는 W/V%를 말한다.

★★★ wt%농도 = $\frac{\text{용질 질량}}{\text{용질 질량} + \text{용매 질량}} \times 100$

② 천분율(ppt, parts per thousand)을 표시할 때는 g/L 또는 g/kg의 기호를 쓴다.

③ 백만분율(ppm, parts per million)을 표시할 때는 mg/L 또는 mg/kg의 기호를 쓴다.

④ 십억분율(ppb, parts per billion)을 표시할 때는 μg/L 또는 μg/kg의 기호를 쓴다.

⑤ 기체 중의 농도는 표준상태(0℃, 1기압)로 환산 표시한다.

2. M 농도(몰 농도)

① M 농도 = mol/L로 표시하며 용액 1L 중에 녹아있는 용질의 mol수를 의미한다.

$$\frac{mol}{L} = \frac{w(g)}{V(L)} \left| \frac{1mol}{분자량(g)} \right.$$

[w : 질량(g), V : 부피(L)

② 비중, %농도가 주어진 경우

$$\frac{mol}{L} = \frac{비중(g)}{(mL)} \left| \frac{10^3 mL}{1L} \right| \frac{1moL}{분자량(g)} \left| \frac{\%농도}{100} \right.$$

Question 03

$PbSO_4$가 25℃ 수용액에서 용해도가 0.05g/L라면 M 농도를 계산하시오. (단, $PbSO_4$의 분자량은 303이다.)

풀이 $\frac{mol}{L} = \frac{w(g)}{V(L)} \left| \frac{1mol}{분자량(g)} \right. = \frac{0.05g}{L} \left| \frac{1mol}{303g} \right. = 1.65 \times 10^{-4} mol/L$

3. N 농도(규정농도)

① N 농도 = eq/L로 표시하며 용액 1L 중에 녹아있는 용질의 1당량 g을 의미한다.

$$\frac{eq}{L} = \frac{w(g)}{V(L)} \left| \frac{1eq}{1당량\ g} \right.$$

[w : 질량(g), V : 부피(L)

② 비중, %농도가 주어진 경우

$$\frac{eq}{L} = \frac{비중(g)}{(mL)} \left| \frac{10^3 mL}{1L} \right| \frac{1eq}{1당량\ g} \left| \frac{\%농도}{100} \right.$$

Question 04

$KMnO_4$(과망간산칼륨) 0.79g을 증류수에 녹여 1L로 하였을 때 규정농도(N농도)를 계산하시오.

풀이 $N농도(eq/L) = \frac{w(g)}{V(L)} \left| \frac{1eq}{1당량g} \right. = \frac{0.79g}{1L} \left| \frac{1eq}{158g/5} \right. = 0.025N$

TIP

화학식	명 칭	분자량	당 량	1당량 g
$KMnO_4$	과망간산칼륨	158g	5 당량	158g/5
$K_2Cr_2O_7$	다이크롬산칼륨	294g	6 당량	294g/6
NaOH	수산화나트륨	40g	1 당량	40g/1

03 동 력

$$kW = \frac{r \times Q \times H}{102 \times \eta} \times \alpha$$

r : 물의 비중량($1000kg/m^3$)　　Q : 펌프의 토출량(m^3/sec)
H : 전양정(m)　　η : 효율　　α : 여유율
1kW = 102kg · m/sec, 1HP = 76kg · m/sec, 1PS = 75kg · m/sec

Question 05

펌프효율 η = 80%이며 전양정 H = 16m인 조건 하에서 양수율 Q = 12L/sec로서 펌프를 회전시킨다면 모터의 축동력(kW)를 계산하시오. (단, 물의 밀도 r = $1,000kg/m^3$)

풀이 $kW = \frac{r \times Q \times H}{102 \times \eta} \times \alpha = \frac{1,000kg/m^3 \times 12 \times 10^{-3} m^3/sec \times 16m}{102 \times 0.8} = 2.35kW$

04 산화·환원 반응

1. 산화

① 전자를 주는 것
② 산화수 증가
③ 산소와 화합하는 현상
④ 원자가 증가되는 현상
⑤ 수소화합물에서 수소를 잃는 현상

2. 환원

① 전자를 얻는 것
② 산화수 감소
③ 수소와 화합하는 현상
④ 산소화합물에서 산소를 잃는 현상

3. 산화제

자신은 환원되면서 다른 물질은 산화시켜 주는 물질

① 다른 물질로부터 전자를 빼앗는 것
② 자신이 환원되는 물질
③ 상대방을 산화시키는 물질

4. 환원제

자신이 산화되면서 다른 물질은 환원시켜 주는 물질

① 다른 물질에서 전자를 주는 것
② 자신이 산화되는 물질
③ 상대방을 환원시키는 물질

5. 산(Acid)

① Arrhenius는 수용액에서 양성자 $[H^+]$를 내어 놓는 것이다.
② Brönsted-Lowry는 양성자 $[H^+]$를 내어 주는 물질이다.
③ Lewis는 전자쌍을 수용액에서 받는 화학종이다.

6. 염기(Base)

① Arrhenius는 수용액에서 수산화이온 $[OH^-]$을 내어 놓는 것이다.
② Brönsted-Lowry는 양성자$[H^+]$를 받는 분자나 이온이다.
③ Lewis는 전자쌍을 수용액에서 주는 화학종이다.

7. 산의 공통적인 성질

① 신맛이 난다.
② 푸른 리트머스 종이를 붉은색으로 변화시킨다.
③ 물에 용해되면 전해질이 된다.
④ 염기와 반응하여 염과 물을 발생시킨다.
⑤ 아연 등의 금속과 반응하여 수소를 발생시킨다.

05 산화·환원 전위(Oxidation Reduction Potential ; ORP)

산화 환원 반응사이에서 전자의 흐름을 측정해 얻어지는 값을 의미한다.

① 호수의 ORP 값은 보통 0.6~0.5 V 이하의 값을 가진다.
② ORP 값의 예
$NO_3^- \rightarrow NO_2^-$: 0.45 ~ 0.40 V, $Fe^{3+} \rightarrow Fe^{2+}$: 0.30 ~ 0.20V
$NO_2^- \rightarrow NH_3$: 0.40 ~ 0.35 V, $SO_4^{2-} \rightarrow S^{2-}$: 0.10 ~ 0.06V
따라서 가장 먼저 반응하는 것은 ORP 값이 가장 큰 $NO_3^- \rightarrow NO_2^-$이며
가장 나중에 반응하는 것은 ORP 값이 가장 작은 $SO_4^{2-} \rightarrow S^{2-}$이다.

실전연습문제

01 물의 동점성계수를 가장 알맞게 나타낸 것은?

㉮ 전단력(τ)과 점성계수(μ)를 곱한 값이다.
㉯ 전단력(τ)과 밀도(ρ)를 곱한 값이다.
㉰ 점성계수(μ)를 전단력(τ)로 나눈 값이다.
㉱ 점성계수(μ)를 밀도(ρ)로 나눈 값이다.

풀이 물의 동점성계수(ν) = $\frac{\text{점성계수}(\mu)}{\text{밀도}(\rho)}$

02 '동점성계수'의 단위로 적절한 것은?

㉮ cm^2/sec ㉯ g/cm · sec
㉰ $g \cdot cm/sec^2$ ㉱ cm/sec^2

풀이 동점성계수(Kinematic Viscosity) = $\frac{\text{점성계수}(\mu)}{\text{밀도}(\rho)}$
즉, 물의 동점성계수는 점성계수(μ)를 밀도(ρ)로 나눈 값이며 단위는 cm^2/sec이다.

TIP

밀도 : g/cm^3, 동점성계수 : cm^2/sec,
압력 : $dyne/cm^2$, 점성계수 : g/cm · sec,
표면장력 : dyne/cm

03 동점성(Kinematic viscosity)계수와 관계가 가장 먼 것은 어느 것인가?

㉮ Poise
㉯ Stoke
㉰ cm^2/sec
㉱ μ/ρ(점성계수/밀도)

풀이 Poise = g/cm · sec 로 점성계수의 단위이다.

04 다음의 차원방정식 중 틀린 것은? (단, M : 질량, L : 길이, T : 시간)

㉮ 확산계수[LT^{-1}]
㉯ 밀도 [ML^{-3}]
㉰ 점성계수[$ML^{-1}T^{-1}$]
㉱ 유량 [L^3T^{-1}]

풀이 ㉮ [LT^{-1}]은 속도를 나타낸다.

정답 01 ㉱ 02 ㉮ 03 ㉮ 04 ㉮

05 수은주높이 300mm는 수주로 몇 mm 인가? (단, 표준 상태 기준)

㉮ 1960 ㉯ 3220
㉰ 3760 ㉱ 4078

풀이 $300mmHg \times 13.6 = 4080mmH_2O$

TIP

① 수은주 비중 $= \dfrac{10{,}332mmH_2O}{760mmHg} = 13.6mmH_2O/mmHg$
② $mmHg \times 13.6 = mmH_2O$
③ $mmH_2O \div 13.6 = mmHg$

06 98%의 농황산(비중 1.84) 100mL를 물 150mL에 희석한 용액 중 황산의 무게중량 조성(W/W(%))은?

㉮ 54.0 ㉯ 58.4
㉰ 63.5 ㉱ 68.3

풀이 황산(W/W%)

$$= \frac{\text{황산(g)}}{\text{농황산(g)}+\text{물(g)}} \times 100$$

$$= \frac{1.84g/mL \times 100mL \times 0.98}{1.84g/mL \times 100mL + 150mL \times 1.0g/mL} \times 100$$

$= 53.99\%$

TIP

① 농황산 = 100% H_2SO_4(비중 1.84g/mL)
② 황산 = 98% H_2SO_4(비중 1.84g/mL)
③ 물의 비중 = 1.0g/mL

07 물 100g에 30g의 NaCl을 가하여 용해시키면 몇 %(W/W)의 NaCl 용액이 제조되는가?

㉮ 23% ㉯ 27%
㉰ 30% ㉱ 33%

풀이

$$\%(W/W) = \frac{\text{용질(g)}}{\text{용매(g)}+\text{용질(g)}} \times 100$$

$$= \frac{30g}{100g+30g} \times 100 = 23.08\%$$

08 500mL 물에 125mg의 염이 녹아 있을 때 이 수용액의 농도(%)는 얼마인가?

㉮ 0.125% ㉯ 0.250%
㉰ 0.0125% ㉱ 0.0250%

풀이

$$\text{수용액의 농도(\%)} = \frac{\text{용질}}{\text{용매}} \times 100$$

$$= \frac{125mg}{500{,}000mg} \times 100 = 0.025\%$$

TIP

① 물의 비중 = 1.0g/mL
② 물 500mL×1.0g/mL = 500g = 500,000mg

정답 05 ㉱ 06 ㉮ 07 ㉮ 08 ㉱

09 다음의 각종 용액 중 몰(mole) 농도가 가장 큰 것은? (단, Na, Cl의 원자량은 각각 23, 35.5)

㉮ 300g 수산화나트륨/4L
㉯ 3.6g 황산/30mL
㉰ 0.4kg 염화나트륨/10L
㉱ 5.2g 염산/0.1L

풀이

$$mol/L = \frac{질량(g)}{부피(L)} \left| \frac{1mol}{분자량(g)} \right.$$

㉮ $mol/L = \frac{300g}{4L}\left|\frac{1mol}{40g}\right. = 1.88mol/L$

㉯ $mol/L = \frac{3.6g}{0.03L}\left|\frac{1mol}{98g}\right. = 1.23mol/L$

㉰ $mol/L = \frac{400g}{10L}\left|\frac{1mol}{58.5g}\right. = 0.68mol/L$

㉱ $mol/L = \frac{5.2g}{0.1L}\left|\frac{1mol}{36.5g}\right. = 1.43mol/L$

TIP

① M농도 = mol/L
② 1mol = 분자량(g)
③ 수산화나트륨(NaOH) = 23+16+1 = 40g
④ 황산(H_2SO_4) = (2×1)+32+(4×16) = 98g
⑤ 염화나트륨(NaCl) = 23+35.5 = 58.5g
⑥ 염산(HCl) = 1+35.5 = 36.5g

10 어느 폐수의 카드뮴(Cd^{2+})농도는 89.92 mg/L이다. M농도는 얼마인가? (단, 카드뮴의 원자량은 112.4 이다.)

㉮ 2×10^{-4}mol/L ㉯ 4×10^{-4}mol/L
㉰ 6×10^{-4}mol/L ㉱ 8×10^{-4}mol/L

풀이 M농도 = mol/L

$$\frac{mol}{L} = \frac{89.92mg}{L}\left|\frac{1g}{10^3mg}\right|\frac{1mol}{112.4g}$$

$= 8.0\times10^{-4}mol/L$

11 6% NaCl의 M농도는? (단, NaCl 분자량 = 58.5, 비중 1.0 기준)

㉮ 0.61M ㉯ 0.83M
㉰ 1.03M ㉱ 1.26M

풀이

$$mol/L = \frac{비중(g)}{(mL)}\left|\frac{10^3mL}{1L}\right|\frac{1mol}{분자량}\left|\frac{\%농도}{100}\right.$$

$$= \frac{1.0g}{mL}\left|\frac{10^3mL}{1L}\right|\frac{1mol}{58.5g}\left|\frac{6\%}{100}\right.$$

$= 1.03mol/L$

TIP

① M농도 = mol/L
② 1mol = 분자량(g)
③ NaCl의 분자량 = 23+35.5 = 58.5g

12 0.00025M의 NaCl용액의 농도(ppm)는? (단, NaCl 분자량 : 58.5)

㉮ 9.3 ㉯ 14.6
㉰ 21.3 ㉱ 29.8

풀이

$$mg/L = \frac{0.00025mol}{L}\left|\frac{58.5g}{1mol}\right|\frac{10^3mg}{1g}$$

$= 14.63mg/L$

TIP

① ppm = mg/L
② M농도 = mol/L
③ 1mol = 분자량(g)
④ NaCl 1mol = 58.5g

정답 09 ㉮ 10 ㉱ 11 ㉰ 12 ㉯

13 0.1M−NaOH의 농도를 mg/L로 나타내면 얼마인가?

㉮ 4　　㉯ 40
㉰ 400　　㉱ 4000

풀이 $mg/L = \frac{0.1mol}{L} \bigg| \frac{40g}{1mol} \bigg| \frac{10^3mg}{1g} = 4{,}000mg/L$

TIP

① NaOH 1mol = 40g
② M농도 = mol/L

14 수산화나트륨(NaOH) 10g을 물에 용해시켜 200mL로 만든 용액의 농도(N)는?

㉮ 0.62　　㉯ 0.80
㉰ 1.05　　㉱ 1.25

풀이 $eq/L = \frac{질량(g)}{부피(L)} \bigg| \frac{1eq}{1당량g} = \frac{10g}{0.2L} \bigg| \frac{1eq}{40g}$
$= 1.25eq/L$

TIP

① eq/L = N농도
② 1당량 $g = \frac{분자량}{가수}$
③ NaOH는 1가 물질
④ NaOH의 분자량 = 23+16+1 = 40g

15 Ca^{2+} 200mg/L를 N농도로 나타내면 얼마인가? (단, Ca : 40)

㉮ 0.01　　㉯ 0.02
㉰ 0.5　　㉱ 1.0

풀이 $eq/L = \frac{200mg}{L} \bigg| \frac{1g}{10^3mg} \bigg| \frac{1eq}{20g} = 0.01eq/L$

TIP

① N농도 = eq/L
② Ca^{2+}의 $1eq = \frac{원자량(g)}{2} = \frac{40(g)}{2} = 20g$

16 $KMnO_4$의 gram 당량은 얼마인가? (단, $KMnO_4$의 분자량은 158이다.)

㉮ 26.3　　㉯ 31.6
㉰ 39.5　　㉱ 52.6

풀이 $g당량 = \frac{분자량(g)}{당량} = \frac{158g}{5} = 31.6g$

17 200mg/L의 $CaCl_2$ 농도를 meq/L로 환산하면 얼마인가? (단, Ca 원자량은 40)

㉮ 3.6　　㉯ 4.6
㉰ 5.6　　㉱ 6.6

풀이 meq/L = me/L = mN = mg/L÷1당량mg
200mg/L÷55.5 = 3.60meq/L

TIP

$CaCl_2$의 분자량은 111g이며 2당량이다.
따라서 $1당량 = \frac{111g}{2} = 55.5g$이다.

정답 13 ㉱ 14 ㉱ 15 ㉮ 16 ㉯ 17 ㉮

18 0.01N NaOH 용액의 농도를 %로 나타내면 얼마인가? (단, Na : 23)

㉮ 0.2% ㉯ 0.4%
㉰ 0.02% ㉱ 0.04%

풀이 ① N농도를 mg/L(ppm)으로 환산한다.

$$mg/L = \frac{0.01eq}{L} \Big| \frac{40g}{1eq} \Big| \frac{10^3 mg}{1g} = 400mg/L$$

② mg/L를 %로 전환한다.
mg/L(ppm)×10^{-4} = %
따라서 400mg/L×10^{-4} = 0.04%

TIP

① NaOH의 $1eq = \frac{분자량(g)}{가수} = \frac{40g}{1} = 40g$

② ppm = mg/L

19 염기에 관한 내용으로 옳지 않는 것은?

㉮ 염기 수용액은 미끈미끈하다.
㉯ 전자쌍을 받는 화학종이다.
㉰ 양성자를 받는 분자나 이온이다.
㉱ 수용액에서 수산화이온을 내어놓는 것이다.

풀이 ㉯ 전자쌍을 주는 화학종이다.

20 산과 염기에 관한 내용으로 옳지 않은 것은?

㉮ 루이스(Lewis)는 전자쌍을 받는 화학종을 산이라 하였다.
㉯ 아레니우스(Arrhenius)는 수용액에서 양성자를 내어놓는 물질을 염기라고 하였다.
㉰ 염기는 그 수용액이 미끈미끈하다.
㉱ 염기는 붉은 리트머스 종이를 푸르게 한다.

풀이 ㉯ 아레니우스(Arrhenius)는 수용액에서 양성자 [H^+]를 내어 놓는 물질을 산이라고 하였다.

21 다음 중 산화환원반응이 아닌 것은 어느 것인가?

㉮ $Cu+2H_2SO_4 \rightarrow CuSO_4+2H_2O+SO_2$
㉯ $2H_2S+SO_2 \rightarrow 2H_2O+3S$
㉰ $I_2+2Na_2S_2O_3 \rightarrow Na_2S_4O_6+2NaI$
㉱ $Na_2SO_4+2HCl \rightarrow 2NaCl+H_2O+SO_2$

풀이 ㉱ 산화수의 변화가 없으므로 산화환원반응이 아니다.

22 용액을 통해 흐르는 전류의 특성으로 알맞지 않은 것은 어느 것인가? (단, 금속을 통해 흐르는 전류와 비교)

㉮ 용액에서 화학변화가 일어난다.
㉯ 전류는 전자에 의해 운반된다.
㉰ 온도의 상승은 저항을 감소시킨다.
㉱ 대체로 전기저항이 금속의 경우보다 크다.

풀이 ㉯ 전류는 전하에 의해 운반된다.

정답 18 ㉱ 19 ㉯ 20 ㉯ 21 ㉱ 22 ㉯

06 평형상수(K), 물의 이온곱상수(K_w), 이온적(Q), 용해도적(Ksp)

1. 평형상수(K)

$$aA + bB \rightleftharpoons cC + dD,\ \text{평형상수}(K) = \frac{[C]^c\,[D]^d}{[A]^a\,[B]^b}$$

평형상수

- 화학반응에서 반응계와 생성계의 양적인 관계를 나타내는 상수
- 질량 작용의 법칙을 적용
- 절대온도의 함수
- 일반적으로 $K_w = 1.0\times10^{-14}$(25℃) { 수온증가 → K_w ↑, K_w 증가 → pH ↓ }

2. 물의 이온적(곱)상수(K_w)

$$H_2O \overset{K_w}{\rightleftharpoons} H^+ + OH^-,\ K_w = [H^+]\cdot[OH^-] = 1.0\times10^{-14}(25℃)$$

$$\therefore [H^+] = \frac{K_w}{[OH^-]},\ K_w = [H^+]^2$$

$$\therefore [H^+] = \sqrt{K_w} = \sqrt{1.0\times10^{-14}} = 1.0\times10^{-7}\text{mol/L}$$

$$\therefore pH = \log\frac{1}{[H^+]} = -\log[H^+] = -\log[1.0\times10^{-7}\text{mol/L}] = 7.0$$

$$\therefore K_w = K_a \times K_b$$

K_a : 산해리상수　　　K_b : 염기해리상수

$$CH_3COOH \overset{K_a}{\rightleftharpoons} CH_3COO^- + H^+$$

(약산)　(염기)　(산)

$$CH_3COO^- \xrightarrow[H_2O(\text{양쪽성 물질})]{K_b} CH_3COOH + OH^-$$

(약산)　(염기)

$$\therefore K_a = \frac{[CH_3COO^-][H^+]}{[CH_3COOH]} \Rightarrow [H^+] = \sqrt{K_a\cdot C}$$

$$\therefore K_b = \frac{[CH_3COOH][OH^-]}{[CH_3COO^-]} \Rightarrow [OH^-] = \sqrt{K_b\cdot C}$$

$$\therefore K_a \times K_b = \frac{[CH_3COO^-][H^+]}{[CH_3COOH]} \times \frac{[CH_3COOH][OH^-]}{[CH_3COO^-]}$$

$= [H^+][OH^-] = K_w$(물의 이온적) $\therefore K_w = K_a \times K_b$

3. 이온적(곱), 용해도적(곱)

$A_mB_n \rightleftharpoons mA^+ + nB^-$

① 이온적 : 현재 이온화된 물질의 농도곱(Q) $Q = [A^+]^m[B^-]^n$

② 용해도적 : 포화상태에서 이온 농도의 곱(Ksp) $Ksp[A_mB_n] = [A^+]^m[B^-]^n$

★★★ 4. 용해도곱 = 용해도적(Ksp)

① 포화상태 : $Ksp = [A^+]^m[B^-]^n$

② 과포화상태 : $Ksp < [A^+]^m[B^-]^n \Rightarrow$ 침전물이 생성된다.

③ 불포화상태 : $Ksp > [A^+]^m[B^-]^n \Rightarrow$ 침전물이 생성되지 않는다.

Question 06

AgCl의 용해도가 1.0×10^{-5}mol/L일 때 Ksp를 계산하시오.

풀이 $AgCl \rightleftharpoons Ag^+ + Cl^-$

xM xM xM

$\therefore Ksp = [Ag^+][Cl^-] = xM \times xM = [1.0 \times 10^{-5}M][1.0 \times 10^{-5}M] = 1.0 \times 10^{-10}$

Question 07

$PbSO_4$의 용해도가 0.035g/L이다. Ksp를 계산하시오.($PbSO_4$: 303)

풀이 $PbSO_4 \rightleftharpoons Pb^{2+} + SO_4^{2-}$

xM xM xM

$\therefore Ksp = [Pb^{2+}][SO_4^{2-}] = xM \times xM$

$PbSO_4$의 mol/L $= \dfrac{0.035g}{L} \cdot \dfrac{1mol}{303g} = 1.16 \times 10^{-4}$mol/L

여기서 $xM = 1.16 \times 10^{-4}$mol/L

따라서 $Ksp = [1.16 \times 10^{-4}M][1.16 \times 10^{-4}M] = 1.35 \times 10^{-8}$

5. 이온화 상수(정수) = $\frac{\text{생성물 몰농도}}{\text{잔류물의 몰농도}}$

$A_mB_n \rightleftharpoons mA^+ + nB^-$

$$\text{이온화 상수} = \frac{[A^+]^m[B^-]^n}{[A_mB_n - \text{전리된 농도}]}$$

Question 08

CH_3COOH 0.01M 3% 전리시켰다. 이온화 상수와 pH를 계산하시오.

풀이

	CH_3COOH	$\xrightarrow{3\%\ 전리}$	CH_3COO^-	+	H^+
전리 전	0.01M		0M		0M
전리 후	(0.01 − 0.01×0.03)M		(0.01×0.03)M		(0.01×0.03)M

① 이온화 상수 $= \frac{(0.01\times0.03)(0.01\times0.03)}{(0.01-0.01\times0.03)} = 9.28\times10^{-6}$

② $pH = -\log[H^+] = -\log[0.01\times0.03 mol/L] = 3.52$

07 pH

① pH와 POH의 정의

$pH = -\log[H^+] \Rightarrow [H^+] = 10^{-pH} mol/L$

$pOH = -\log[OH^-] \Rightarrow [OH^-] = 10^{-pOH} mol/L$

② pH와 POH의 상관관계

$pH + pOH = 14$

$pH = 14 - pOH$

$pOH = 14 - pH$

③ pH 계산식

산성물질에서 $pH = -\log[H^+]$

알칼리성물질에서 $pH = 14 + \log[OH^-]$

Question 09

침전이 생기지 않는 $Mg(OH)_2$ 용액 중 $Mg^{2+} = 0.01M$, $Ksp = 1.2 \times 10^{-11}$이다. 이 용액의 pH를 계산하시오.

풀이 $Mg(OH)_2 \rightleftharpoons Mg^{2+} + 2OH^-$

$Ksp = [Mg^{2+}][OH^-]^2$

$\therefore 1.2\times10^{-11} = [0.01M][OH^-]^2$ $\qquad \therefore [OH^-] = \sqrt{\dfrac{1.2\times10^{-11}}{0.01}} = 3.46\times10^{-5}mol/L$

$\therefore pH = 14+\log[OH^-] = 14+\log[3.46\times10^{-5}mol/L] = 9.54$

08 완충방정식

1. 완충방정식

① 약산 + 강염기성 염 ⇒ CH_3COOH (약산) + CH_3COOK (강염기)

② 약염기 + 강산성 염

$$\underset{(약산)}{CH_3COOH} \overset{ka}{\rightleftharpoons} \underset{(공통이온)}{CH_3COO^- + H^+}$$

$$\underset{(강염기)}{CH_3COOK} \overset{100\%\ 전리}{\rightleftharpoons} \underset{(공통이온)}{CH_3COO^- + K^+}$$

$$Ka = \frac{[CH_3COO^-][H^+]}{[CH_3COOH]} \qquad \therefore [H^+] = \frac{[CH_3COOH]}{[CH_3COO^-]} \times Ka$$

공통이온이 있는 강염기로 대체
$[CH_3COO^-] \Rightarrow [CH_3COOK]$
$CH_3COO^- \ll 1$으로 무시할 수 있다.

$$\therefore [H^+] = \frac{[CH_3COOH]\cdot Ka}{[CH_3COOK]} = \frac{[CH_3COOH]}{[CH_3COOK]} \times Ka$$

pH를 구하면

$$pH = \log\frac{1}{[H^+]} = \log\frac{1}{\dfrac{[CH_3COOH](산)}{[CH_3COOK](염기)} \times Ka} = \log\frac{1}{Ka} + \log\frac{[염기]}{[산]}$$

$$\therefore pH = PKa + \log\frac{[염기]}{[산]} \Rightarrow 완충\ 방정식$$

TIP

$$pH = pKa + \log\frac{[염기]}{[산]} \Rightarrow \log\frac{[염기]}{[산]} = pH - pKa$$

$$\Rightarrow \log\frac{[염기]}{[산]} = -\log[H^+] - (-\log Ka) \Rightarrow \frac{[염기]}{[산]} = \frac{Ka}{[H^+]}$$

2. 완충용액의 특징

① 완충방정식은 $PKa + \log\frac{[염기]}{[산]}$ 로 표시된다.

② 완충용액은 보통약산과 그 약산의 강염기의 염을 함유하거나 약염기와 그 약염기의 강산의 염이 함유된 용액이다.

③ CH_3COOK에 있어서는 거의 완전히 해리하므로 CH_3COO^- 농도는 거의 CH_3COOK의 농도에 가까워진다.

④ 약산 KH_2PO_4의 $H_2PO_4^-$이온과 염이온 Na_2HPO_4의 HPO_4^{2-}이온이 완충력으로 작용한다.

Question 10

pH가 4가 되는 CH_3COOH와 CH_3COOK의 완충액을 만들려면 CH_3COOH와 CH_3COOK의 혼합비율을 계산하시오. (단, $Ka = 1.8 \times 10^{-5}$)

풀이

완충방정식 : $pH = pKa + \log\frac{[염기]}{[산]} \Rightarrow \frac{[염기]}{[산]} = \frac{Ka}{[H^+]}$

$$\Rightarrow \frac{[CH_3COOK]}{[CH_3COOH]} = \frac{1.8\times10^{-5}}{10^{-4}} = 0.18 \rightarrow [CH_3COOH] : [CH_3COOK] = 1 : 0.18$$

09 적정 공식

1. 중화적정 공식

$NV = N'V'$

Question 11

0.1M H_2SO_4 10mL를 중화시키기 위해 0.1M NaOH 용액 몇 mL가 필요한가?

풀이 $NV = N'V'$에서 $(0.1\times2)N\times10mL = (0.1\times1)N\times V'$ $\therefore V' = 20mL$

TIP

M농도 → N농도 : M농도 × 가수
H_2SO_4는 2가이므로 N농도는 0.1M × 2가 되고
NaOH는 1가이므로 N농도는 0.1M × 1이 된다.

① 산 + 산에서 혼합 후의 N농도 $= \frac{N_1V_1+N_2V_2}{V_1+V_2}$

② 염기 + 염기에서 혼합 후의 N농도 $= \frac{N_1V_1+N_2V_2}{V_1+V_2}$

③ 산 + 염기에서 혼합 후의 N농도 $= \frac{N_1V_1 - N_2V_2}{V_1+V_2}$

제1장 수질화학

실전연습문제

01 25℃, AgCl의 물에 대한 용해도가 1.0×10^{-4}M이라면 AgCl에 대한 K_{sp}(용해도적)는?

㉮ 1.0×10^{-6} ㉯ 2.0×10^{-6}
㉰ 1.0×10^{-8} ㉱ 2.0×10^{-8}

풀이 $AgCl \rightleftarrows Ag^+ + Cl^-$
xM xM xM
용해도적(K_{sp}) $= [Ag^+][Cl^-]$
$= [1.0\times10^{-4}M][1.0\times10^{-4}M]$
$= 1.0\times10^{-8}$

02 $PbSO_4$(MW = 303.3)의 용해도는 0.038 g/L이다. $PbSO_4$의 용해도적 상수(K_{SP})는 얼마인가?

㉮ 약 1.6×10^{-8} ㉯ 약 2.4×10^{-8}
㉰ 약 3.2×10^{-8} ㉱ 약 4.8×10^{-8}

풀이 $PbSO_4 \rightleftarrows Pb^{2+} + SO_4^{2-}$
XM XM XM
① $PbSO_4$의 mol/L $= \dfrac{0.038g}{L} \bigg| \dfrac{1mol}{303.3g}$
$= 1.253\times10^{-4}$mol/L
② Ksp(용해도적) $= [Pb^{2+}][SO_4^{2-}] = XM\times XM$
③ $XM = 1.253\times10^{-4}$mol/L
④ $K_{sp} = (1.253\times10^{-4}mol/L)\times(1.253\times10^{-4}mol/L)$
$= 1.57\times10^{-8}$

03 CaF_2의 포화 용액 중에 Ca^{2+}의 농도는 18℃에서 2×10^{-4}mole/L이다. CaF_2의 용해도적은?

㉮ 4.3×10^{-11} ㉯ 3.2×10^{-11}
㉰ 2.6×10^{-9} ㉱ 1.6×10^{-8}

풀이 $CaF_2 \rightarrow Ca^{2+} + 2F^-$
xM xM 2xM
용해도적(K_{SP}) $= [Ca^{2+}][F^-]^2 = x\times(2x)^2$
$= 4x^3 = 4\times(2\times10^{-4})^3 = 3.2\times10^{-11}$

TIP

$xM = 2\times10^{-4}$mol/L

04 pH = 4.5인 물의 수소이온농도(M)는?

㉮ 약 3.2×10^{-5}M ㉯ 약 5.2×10^{-5}M
㉰ 약 3.2×10^{-4}M ㉱ 약 5.2×10^{-4}M

풀이 pH = 4.5이면
$[H^+] = 10^{-pH}$mol/L $= 10^{-4.5}$mol/L
$= 3.16\times10^{-5}$mol/L

TIP

① $pH = -\log[H^+] \Rightarrow [H^+] = 10^{-pH}$mol/L
② $pOH = -\log[OH^-] \Rightarrow [OH^-] = 10^{-pOH}$mol/L

정답 01 ㉰ 02 ㉮ 03 ㉯ 04 ㉮

05 25℃, pH = 4.35인 용액에서 $[OH^-]$의 농도는?

㉮ 4.47×10^{-5}mol/L ㉯ 6.54×10^{-7}mol/L
㉰ 7.66×10^{-9}mol/L ㉱ 2.24×10^{-10}mol/L

풀이 ① pH + pOH = 14
$\therefore$ pOH = 14 − pH = 14 − 4.35 = 9.65
② $pOH = -\log[OH^-]$에서 $[OH^-] = 10^{-pOH}$mol/L
따라서 pOH = 9.65이므로
$[OH^-] = 10^{-pOH}$mol/L
$= 10^{-9.65}$mol/L $= 2.24\times10^{-10}$mol/L

06 NaOH 용액의 pH가 10.7일 때, 수산이온(OH^-)의 농도는?

㉮ 5×10^{-5}mole/L ㉯ 5×10^{-4}mole/L
㉰ 2×10^{-5}mole/L ㉱ 2×10^{-4}mole/L

풀이 ① pH+pOH = 14
pOH = 14 − pH = 14 − 10.7 = 3.3
② pOH = 3.3
$[OH^-] = 10^{-3.3}$mole/L
$= 5.01\times10^{-4}$mole/L

07 $[H^+] = 5.0\times10^{-6}$mol/L인 용액의 pH는?

㉮ 5.0 ㉯ 5.3
㉰ 5.6 ㉱ 5.9

풀이 $pH = -\log[H^+] = -\log[5.0\times10^{-6}\text{mol/L}] = 5.30$

TIP

① 산성물질에서 $pH = -\log[H^+]$
② 알칼리성물질에서 $pH = 14+\log[OH^-]$

08 물 1L에 NaOH 0.04g을 녹인 용액의 pH는? (단, Na : 23, 완전 해리 기준)

㉮ 9 ㉯ 10
㉰ 11 ㉱ 12

풀이 ① $NaOH \rightarrow Na^+ + OH^-$
XM XM XM
NaOH의 mol/L

$$= \frac{질량(g)}{부피(L)} \cdot \frac{1mol}{분자량(g)} = \frac{0.04g}{1L} \cdot \frac{1mol}{40g}$$

= 0.001mol/L
따라서 $[OH^-]$ = XM = 0.001mol/L이다.
② $pH = 14 + \log[OH^-]$
$= 14 + \log[0.001\text{mol/L}] = 11.0$

TIP

① M농도 = mol/L
② 1mol = 분자량(g)
③ NaOH의 분자량 = 23+16+1 = 40g
④ 산성물질에서 $pH = -\log[H^+]$
⑤ 알칼리성물질에서 $pH = 14+\log[OH^-]$

09 5×10^{-5}M $Ca(OH)_2$를 물에 용해하였을 때 pH는 얼마인가? (단, $Ca(OH)_2$는 물에서 완전 해리된다고 가정)

㉮ 9.0 ㉯ 9.5
㉰ 10.0 ㉱ 10.5

풀이 $Ca(OH)_2 \rightarrow Ca^{2+} + 2OH^-$
XM XM 2XM
XM = 5×10^{-5}M이므로
OH^- = 2XM = $2\times5\times10^{-5}$M이 된다.
따라서 $pH = 14 + \log[OH^-]$
$= 14 + \log[2\times5\times10^{-5}\text{M}] = 10.0$

정답 05 ㉱ 06 ㉯ 07 ㉯ 08 ㉰ 09 ㉰

10 Ca(OH)₂ 1480mg/L 용액의 pH는 얼마인가? (단, $Ca(OH)_2$의 분자량은 74이고 완전 해리한다.)

㉮ 약 12.0 ㉯ 약 12.3
㉰ 약 12.6 ㉱ 약 12.9

풀이 $Ca(OH)_2 \rightarrow Ca^{2+} + 2OH^-$
XM XM 2XM
① $Ca(OH)_2$의 mol/L를 계산한다.

$$mol/L = \frac{1480mg}{L} \bigg| \frac{1g}{10^3mg} \bigg| \frac{1mol}{74g} = 0.02mol/L$$

② XM = 0.02mol/L
③ $[OH^-]$농도 = 2XM = 2×0.02mol/L
④ $pH = 14 + \log[OH^-]$
$= 14 + \log[2\times0.02mol/L] = 12.60$

11 아세트산(CH_3COOH) 120mg/L 용액의 pH는 얼마인가? (단, 아세트산 Ka는 1.8×10^{-5})

㉮ 1.65 ㉯ 4.21
㉰ 3.72 ㉱ 3.52

풀이 $CH_3COOH \rightarrow CH_3COO^- + H^+$

$K_a = \frac{[CH_3COO^-][H^+]}{[CH_3COOH]}$에서

$[CH_3COO^-] = [H^+]$이므로

$K_a = \frac{[H^+]^2}{[CH_3COOH]}$

$[H^+] = \sqrt{K_a \times [CH_3COOH]}$

① $[CH_3COOH]$의 농도를 계산한다.

$$[CH_3COOH]의\ mol/L = \frac{0.12g}{L} \bigg| \frac{1mol}{60g} = 0.002M$$

② $[H^+] = \sqrt{(1.8\times10^{-5})\times(0.002M)}$
$= 1.9\times10^{-4}mol/L$
③ $pH = -\log[H^+] = -\log[1.9\times10^{-4}mol/L] = 3.72$

12 0.04M-HCl이 30% 해리되어 있는 수용액의 pH는?

㉮ 2.82 ㉯ 2.42
㉰ 1.92 ㉱ 1.72

풀이

	HCl	$\xrightarrow{30\%\ 해리}$	H^+	+	Cl^-
해리 전	0.04M		0M		0M
해리 후	0.04M-0.04M×0.3		0.04M×0.3		0.04M×0.3

따라서 $pH = -\log[H^+] = -\log[0.04M\times0.3] = 1.92$

13 0.05N의 약산인 초산이 16% 해리되어 있다면 이 수용액의 pH는?

㉮ 2.1 ㉯ 2.3
㉰ 2.6 ㉱ 2.9

풀이

	CH_3COOH	$\xrightarrow{16\%\ 해리}$	CH_3COO^-	+	H^+
해리 전	0.05M		0M		0M
해리 후	0.05M-0.05M×0.16		0.05M×0.16		0.05M×0.16

따라서 $pH = -\log[H^+] = -\log[0.05M\times0.16] = 2.10$

14 pH 2인 용액은 pH 7인 용액보다 몇 배 더 산성인가?

㉮ 100 ㉯ 1,000
㉰ 10,000 ㉱ 100,000

풀이 $pH = -\log[H^+] \Rightarrow [H^+] = 10^{-pH}mol/L$
$pH\ 2 \Rightarrow [H^+] = 10^{-2}mol/L$
$pH\ 7 \Rightarrow [H^+] = 10^{-7}mol/L$
따라서 $\frac{10^{-2}mol/L}{10^{-7}mol/L} = 100,000$

정답 10 ㉰ 11 ㉰ 12 ㉰ 13 ㉮ 14 ㉱

15 pH = 6.0인 용액의 산도의 8배를 가진 용액의 pH는?

㉮ 5.1　　㉯ 5.3
㉰ 5.4　　㉱ 5.6

풀이 $pH = -\log[H^+]$
$= -\log[8\times10^{-6}mol/L] = 5.10$

16 0.01M NaOH 100mL를 중화하는데 0.1N H_2SO_4를 몇 mL가 소비되는가?

㉮ 5　　㉯ 10
㉰ 20　　㉱ 100

풀이 NV = N'V'(중화적정공식)
N, N' : 노르말 농도
V, V' : 부피
따라서 0.01N ×100mL = 0.1N×V'

$\therefore V' = \frac{0.01N\times100mL}{0.1N} = 10mL$

TIP
① M농도 → N농도; M농도×가수 = N농도
② NaOH는 1가이므로 0.01M = 0.01N

17 진한 산성폐수를 중화 처리하고자 한다. 10% NaOH용액 사용시 40mL가 투입되었는데 만일 10% $Ca(OH)_2$로 사용한다면 몇 mL가 필요하겠는가? (단, 완전 해리 기준, 원자량 Na = 23, Ca = 40)

㉮ 17.4　　㉯ 18.5
㉰ 37.0　　㉱ 57.5

풀이 중화적정공식 NV = N'V'를 이용한다.
① 10% NaOH의 N농도

$N(eq/L) = \frac{1.0g}{mL}\Big|\frac{10^3mL}{1L}\Big|\frac{1eq}{40g}\Big|\frac{10\%}{100} = 2.5N$

② 10% $Ca(OH)_2$의 N농도

$N(eq/L) = \frac{1.0g}{mL}\Big|\frac{10^3mL}{1L}\Big|\frac{1eq}{74g/2}\Big|\frac{10\%}{100}$
$= 2.7027N$

따라서 NV = N'V'
2.5N×40mL = 2.7027N×V'
∴ V' = 37.0mL

TIP
① $N(eq/L)농도 = \frac{비중(g)}{(mL)}\Big|\frac{10^3mL}{1L}\Big|\frac{1eq}{1당량g}\Big|\frac{\%농도}{100}$
문제조건에서 비중이 주어지지 않으면 비중은 $1.0g/mL(g/cm^3)$를 기준으로 계산한다.
② 중화가 나오는 문제는 중화적정공식 NV = N'V'를 이용한다.
여기서 N, N' : N농도
V, V' : 부피(mL)

18 25℃, 2기압의 압력에 있는 메탄가스 10kg의 부피는? (단, 이상 기체 상수(R) : 0.082L · atm/mol · k)

㉮ 5.64×10^3L　　㉯ 6.64×10^3L
㉰ 7.64×10^3L　　㉱ 8.64×10^3L

풀이 기체상태 방정식 PV = nRT
또는 $PV = \frac{W}{M}RT$를 이용한다.

P : 압력(atm)　　V : 부피(L)
n : 몰수　　W : 질량(g)
M : 분자량(g)
R : 기체상수(0.082L · atm/mol · k)
T : 절대온도(273 + ℃)

따라서 식에 대입하여 계산하면
2atm×V(L)
$= \frac{10\times10^3g}{16g}\times(0.082L\cdot atm/mol\cdot k)\times(273+25)K$
$\therefore V = 7.636\times10^3L$

TIP
CH_4(메탄)의 분자량은 16g이며 10kg은 10×10^3g과 같다.

정답 15 ㉮ 16 ㉯ 17 ㉰ 18 ㉰

Chapter 02

반응식 및 반응조

01 반응속도식

$$r = \frac{dC}{dt} = -kC^{m}$$

[k : 반응 속도 상수　　　　m : 반응 차수

• **영향 인자**

① **농도** : 비례관계 (단, 0차 반응은 농도와 무관)

② **촉매** : 반응속도 증가

③ **온도** : 반응속도 증가(10℃ 증가하면 반응 속도는 2배 증가)

④ **표면적** : 표면적에 비례

⑤ **압력** : 액체에는 영향받지 않는다.(기체에서의 반응은 압력에 비례)

㉠ 0차 반응 : 어느 시간이 지나면 반응이 끝나버리는 반응

$$r = \frac{dC}{dt} = -k[C]^{o} \xrightarrow{\text{적분}} \boxed{C_t - C_o = -k \cdot t}$$

㉡ 1차 반응 : 반응속도는 반응물질 농도에 비례한다는 반응

$$r = \frac{dC}{dt} = -k[C]^{1} \xrightarrow{\text{적분}} \boxed{\ln \frac{C_t}{C_o} = -k \cdot t}$$

㉢ 2차 반응 : 반응속도가 한가지 반응물의 농도의 제곱에 비례하여 진행하는 반응

$$r = \frac{dC}{dt} = -k[C]^{2} \xrightarrow{\text{적분}} \boxed{\frac{1}{C_o} - \frac{1}{C_t} = -k \cdot t}$$

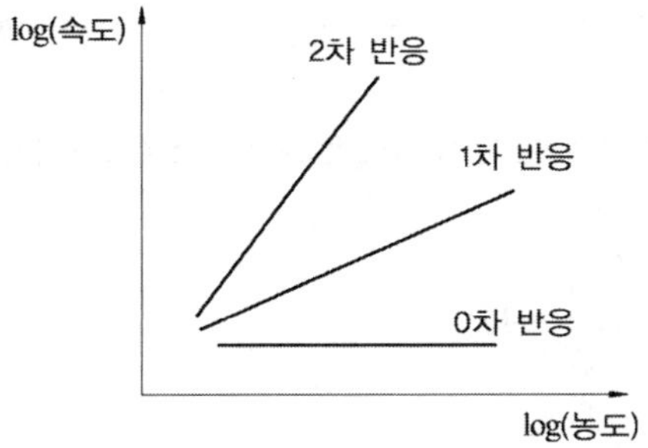

Question 12

어느 1차 반응에서 반응개시의 농도가 220mg/L이고 반응 1시간 후의 농도는 94mg/L이었다면 반응 2시간 후의 반응물질의 농도(mg/L)를 계산하시오.

풀이

1차 반응식 : $\ln\frac{C_t}{C_o} = -k \cdot t$

① $\ln\frac{94mg/L}{220mg/L} = -k \times 1hr$ $\therefore k = 0.85/hr$

② $\ln\frac{C_t}{220mg/L} = -0.85/hr \times 2hr$ $\therefore C_t = 220mg/L \times e^{(-0.85/hr \times 2hr)} = 40.19mg/L$

02 반감기

반감기를 사용하면 $C_t = \frac{1}{2}C_o$가 된다.

① 0차 : $C_t - C_o = -k \cdot t \xrightarrow[C_t = 0.5C_o]{\text{반감기}} 0.5C_o - C_o = -k \cdot t$

★★ ② 1차 : $\ln\frac{C_t}{C_o} = -k \cdot t \xrightarrow[C_t = 0.5C_o]{\text{반감기}} \ln\frac{0.5C_o}{C_o} = -k \cdot t \Rightarrow \boxed{\ln\frac{1}{2} = -k \times t}$

③ 2차 : $\frac{1}{C_o} - \frac{1}{C_t} = -k \cdot t \xrightarrow[C_t = 0.5C_o]{\text{반감기}} \frac{1}{C_o} - \frac{1}{0.5C_o} = -k \cdot t$

Question 13

반감기가 1일인 방사성 폐수의 농도가 100mg/L라면 감소속도상수(/day)를 계산하시오.(단, 1차 반응으로 가정한다.)

풀이

$$\ln\frac{C_t}{C_o} = -k\times t \xrightarrow[C_t = \frac{1}{2}C_o]{\text{반감기}} \ln\frac{1}{2} = -k\times t$$

$$\therefore\ \ln\frac{1}{2} = -k\times 1\text{day} \qquad \therefore\ k = 0.693/\text{day}$$

03 반응조의 종류

1. 완전혼합흐름상태(CFSTR, CSTR, CMR)

(1) 완전혼합형 활성슬러지법 공정도

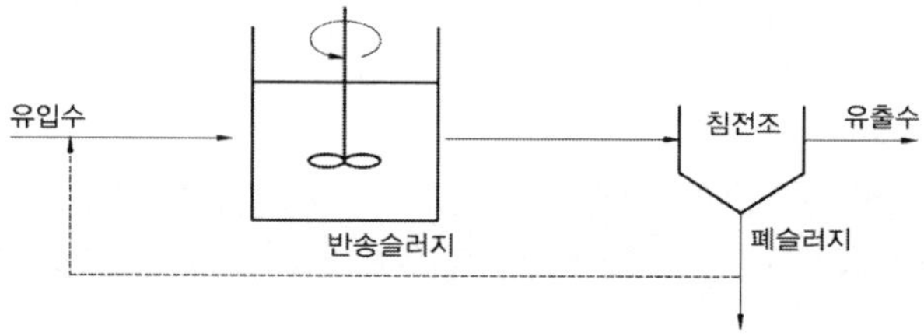

(2) 완전혼합 흐름상태(CFSTR)

① 분산 : 1

② 분산수 : 무한대(∞)

③ 모릴지수(Morrill 지수) : 클수록

④ 지체시간 : 0

⑤ 단로흐름으로 dead space를 동반할 수 있다.

⑥ 반응조 내에 유체는 즉시 완전히 혼합된다고 가정한다.

(3) 완전혼합형(CFSTR) 반응조에서 1차 반응식

★★ $Q(C_o - C_t) = k \times V \times C_t$

Q : 유량(m^3/hr)	C_o : 초기농도(mg/L)
C_t : t시간 후의 농도(mg/L)	k : 상수(/hr)
V : 체적(m^3)	

TIP

k가 없거나 희석만 고려하는 경우에는 다음과 같다.

$$\ln\frac{C_t}{C_o} = -\left(\frac{Q}{V}\right)\times t$$

2. 이상적인 플러그흐름 반응조(PFR)

(1) 플러그 흐름 활성슬러지법 공정도

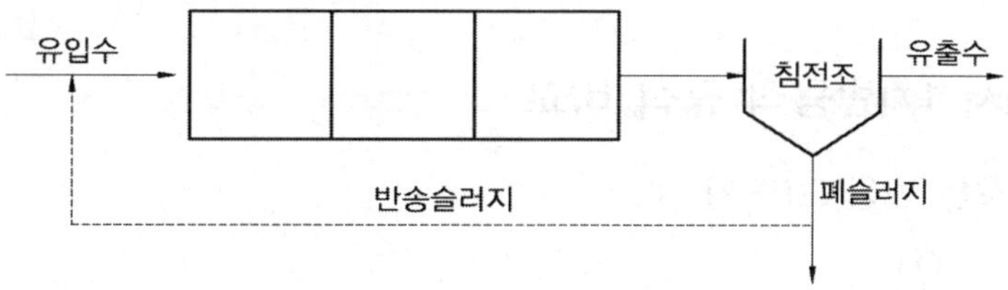

(2) 이상적인 플러그 흐름 상태(PFR)

① 분산 : 0

② 분산수 : 0

③ 모릴지수(Morrill 지수) : 1

④ 지체시간 : 이론적 체류시간과 동일할 때

⑤ 충격부하, 부하변동에 취약하다.

⑥ 탱크가 옆으로 길고 상하는 혼합하나 좌우혼합은 없다.

(3) 플러그반응조(PFR)에서 1차 반응식

★★ $$\ln\frac{C_t}{C_o} = -\left(\frac{Q}{V}\right)\times t$$

C_o : 초기농도(mg/L)	C_t : t시간 후의 농도(mg/L)
k : 상수(/hr)	V : 체적(m^3)
Q : 유량(m^3/hr)	

3. Morrill Index(모릴지수 : M_o)

$$M_o = \frac{t_{90}}{t_{10}}$$

t_{90} : 90%가 유출될 때까지의 시간(min)
t_{10} : 10%가 유출될 때까지의 시간(min)

4. CFSTR과 PFR의 비교

	CFSTR	PFR
분산	1	0
분산수	무한대(∞)	0
모릴지수	클수록	1
지체시간	0	이론적 체류시간과 동일할 때

5. 반응조에서 1차반응식 공식 비교

① 플러그흐름 반응조(PFR)

$$\ln\frac{C_t}{C_o} = -\left(\frac{Q}{V}\right)\times t$$

② 완전혼합형 반응조(CFSTR)

㉠ k가 주어진 경우

$$Q\times(C_o - C_t) = k\times V\times C_t$$

㉡ k가 없거나 희석만 고려하는 경우

$$\ln\frac{C_t}{C_o} = -\left(\frac{Q}{V}\right)\times t$$

Question 14

특정의 반응물을 포함한 유체가 CFSTR을 통과할 때 반응물의 농도가 100mg/L에서 10mg/L로 감소하였고, 반응기 내의 반응이 1차반응이며 유체의 유량이 1,000m^3/day이라면, 반응기 체적(m^3)을 계산하시오. (단, 반응속도상수는 0.5day^{-1})

풀이 CFSTR에서 1차 반응식은 $Q(C_o - C_t) = k \cdot V \cdot C_t$이다.
$1{,}000m^3/day\times(100-10)mg/L = 0.5/day\times V\times 10mg/L$ $\therefore V = 18{,}000m^3$

Question 15

용량이 6,000m^{3}인 수조에 400m^3/hr의 유량이 유입된다면 수조 내 BOD 200mg/L가 20mg/L로 될 때 까지의 소요시간(hr)을 계산하시오. (단, 유입수 내 BOD = 0이며, 완전 혼합형(희석 효과만 고려함.))

풀이 $\ln \frac{C_t}{C_o} = -\left(\frac{Q}{V}\right) \times t$

- C_o : 초기농도(mg/L)
- C_t : t시간 후 농도(mg/L)
- Q : 유량(m^3/hr)
- V : 체적(m^3)
- t : 시간(hr)

따라서 $\ln\left(\frac{20mg/L}{200mg/L}\right) = -\left(\frac{400m^3/hr}{6,000m^3}\right) \times t$ $\quad \therefore t = 34.54hr$

TIP

완전혼합형 반응조의 1차 반응식은 $Q(C_o - C_t) = k \cdot V \cdot C_t$로 계산되지만 k가 없거나 희석만 고려하는 경우는 $\ln \frac{C_t}{C_o} = -\left(\frac{Q}{V}\right) \times t$를 이용하여 계산한다.

Question 16

다음은 이상적인 완전혼합반응조의 혼합정도를 나타낸 것이다. 틀린 것은?

㉮ 분산 = 1
㉯ Morrill 지수 = 값이 클수록
㉰ 분산수 = 1
㉱ 지체시간 = 0

풀이 ㉰ 분산수 = ∞(무한대)

답 ㉰

제2장 반응식 및 반응조

실전연습문제

01 방사성 원소의 붕괴반응은 몇 차 반응의 대표적인 예라 할 수 있는가?

㉮ 0차 반응　　㉯ 1차 반응
㉰ 2차 반응　　㉱ 총괄 2차 반응

풀이 1차 반응은 A → B + C가 되는 반응이며 식을 나타내면 $r = \frac{dc}{dt} = -k[C]^1 \xrightarrow{\text{적분}} \ln\frac{C_t}{C_o} = -k \times t$이다.

C_o : 초기농도(mg/L)
C_t : t시간 후의 농도(mg/L)
k : 상수(/hr)
t : 시간(hr)

02 농도가 A인 기질을 제거하기 위하여 반응조를 설계하고자 한다. 요구되는 기질의 전환율이 90%일 경우 회분식 반응조의 체류시간(hr)은 얼마인가? (단, 기질의 반응은 1차 반응이며, 반응상수 k는 0.35/hr이다.)

㉮ 6.6hr　　㉯ 8.6hr
㉰ 10.6hr　　㉱ 12.6hr

풀이
1차반응식 : $\ln\frac{C_t}{C_o} = -k \times t$

따라서 $\ln\frac{(100-90)\%}{100\%} = -0.35/hr \times t$

$\therefore t = \frac{\ln\frac{(100-90)\%}{100\%}}{-0.35/hr} = 6.58hr$

03 어느 물질의 반응시작 때의 농도가 200mg/L이고 2시간 후의 농도가 35mg/L로 되었다. 반응시작 1시간 후의 반응물질 농도는? (단, 1차 반응 기준, 자연대수 기준)

㉮ 약 84mg/L　　㉯ 약 92mg/L
㉰ 약 107mg/L　　㉱ 약 114mg/L

풀이
1차 반응식 : $\ln\frac{C_t}{C_o} = -k \times t$

C_o : 초기농도(mg/L)
C_t : t시간 후의 농도(mg/L)
k : 상수(/hr)
t : 시간(hr)

① $\ln\frac{35mg/L}{200mg/L} = -k \times 2hr$

$\therefore k = \frac{\ln\frac{35mg/L}{200mg/L}}{-2hr} = 0.8715/hr$

② $\ln\frac{C_t}{200mg/L} = -0.8715/hr \times 1hr$

$\therefore C_t = 200mg/L \times e^{(-0.8715/hr \times 1hr)} = 83.66mg/L$

정답 01 ㉯　02 ㉮　03 ㉮

04 세균의 수가 mL당 1000마리가 검출된 물을 염소농도 0.5ppm으로 소독하여 80% 죽이는데 시간이 10분이 소요되었다. 최종 세균수를 10마리까지만 허용한다면 소독 시간이 몇 분 걸리겠는가? (단, 세균의 감소는 1차 반응식을 따른다.)

㉮ 약 23분 ㉯ 약 29분
㉰ 약 36분 ㉱ 약 38분

풀이 1차 반응식 : $\ln\frac{N_t}{N_o} = -k \times t$를 이용한다.

① $\ln\frac{20\%}{100\%} = -k \times 10min$

$\therefore k = \frac{\ln\frac{20\%}{100\%}}{-10min} = 0.1609/min$

② $\ln\frac{10마리}{1000마리} = -0.1609/min \times t$

$\therefore t = \frac{\ln\frac{10마리}{1000마리}}{-0.1609/min} = 28.62min$

05 초기농도가 100mg/L인 오염물질의 반감기가 10day라고 할 때 반응속도가 1차 반응을 따를 경우 5일 후 오염물질의 농도는?

㉮ 70.7mg/L ㉯ 75.7mg/L
㉰ 80.7mg/L ㉱ 85.7mg/L

풀이 ① 1차 반응식

$\ln\frac{C_t}{C_o} = -k \times t \xrightarrow[C_t = \frac{1}{2}C_o]{반감기} \ln\frac{1}{2} = -k \times t$

따라서 $\ln\frac{1}{2} = -k \times 10day$

$\therefore k = \frac{\ln\frac{1}{2}}{-10day} = 0.0693/day$

② $\ln\frac{C_t}{C_o} = -k \times t$

$\ln\frac{C_t}{100mg/L} = -0.0693/day \times 5day$

$\therefore C_t = 100mg/L \times e^{(-0.0693/day \times 5day)} = 70.72mg/L$

06 $1000m^3$인 탱크에 염소이온 농도가 100mg/L이다. 탱크 내의 물은 완전혼합이고, 계속적으로 염소 이온이 없는 물이 $480m^3$/day로 유입된다면 탱크내 염소이온농도가 10mg/L로 낮아질 때까지의 소요시간(hr)은? (단, $C_i/C_o = e^{-kt}$)

㉮ 약 115 ㉯ 약 154
㉰ 약 186 ㉱ 약 196

풀이 1차 반응식 $\ln\frac{C_t}{C_o} = -k \times t$를 이용한다.

① $k(/hr) = \frac{유량(m^3/hr)}{용적(m^3)}$

$= \frac{480m^3/day \times 1day/24hr}{1000m^3} = 0.02/hr$

② $\ln\frac{10mg/L}{100mg/L} = -0.02/hr \times t$

$\therefore t = \frac{\ln\frac{10mg/L}{100mg/L}}{-0.02/hr} = 115.13hr$

정답 04 ㉯ 05 ㉮ 06 ㉮

07 이상적 Plug flow에 관한 설명으로 옳지 않은 것은?

㉮ 분산(Variance)은 0이다.
㉯ 분산수(Dispersion No)는 0이다.
㉰ 모릴지수(Morrill Index)가 0이다.
㉱ 충격부하, 부하변동에 취약한 편이다.

풀이 ㉰ 모릴지수(Morrill Index)는 1이다.

TIP

CFSTR과 PFR의 비교

	CFSTR	PFR
분산	1	0
분산수	무한대(∞)	0
모릴지수	클수록	1
지체시간	0	이론적 체류시간과 동일 할 때

08 반응조에 주입된 물감의 10%, 90%가 유출되기까지의 시간은 t_{10}, t_{90}이라 할 때 Morrill 지수는 t_{90}/t_{10}으로 나타낸다. 이상적인 Plug flow인 경우의 Morrill지수값은?

㉮ 1보다 작다　　㉯ 1이다.
㉰ 1보다 크다.　　㉱ 0이다.

정답 07 ㉰ 08 ㉯

Chapter 03 수자원 및 물의 특성

01 수자원

1. 물의 순환

물 순환의 근본에너지는 태양에너지다.

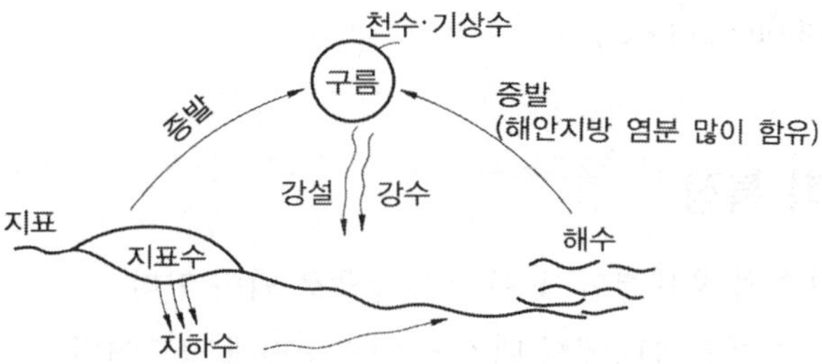

2. 지구상의 수자원은 해수와 담수로 나누어진다.

① 수자원 중 해수가 97%이고 담수가 3%를 차지한다.

★★★ ② 담수의 분포는 다음과 같다.
빙하(만년설 포함) > 지하수 > 지표수 > 토양의 수분 > 대기 중의 수분
(중요) 담수 중에서 가장 많은 양을 차지하는 것은 빙하(만년설 포함)이다.

★★ ③ 우리나라 수자원 이용현황은
농업용수 > 하천유지용수 > 생활용수 > 공업용수 순서이다.

02 물의 특성

1. 물의 물리적 성질

① 비열 : 1.0cal/g · ℃(15℃)
② 표면장력 : 72.75dyne/cm(20℃)
③ 융해열 : 79.40cal/g(0℃)
④ 음파의 전파속도 : 1482.9m/sec(20℃)
⑤ 비저항 : $2.5 \times 10^7 \Omega$ cm
⑥ 기화열 : 539cal/g(100℃)
⑦ 비점 : 100℃(1기압하)
⑧ 빙점 : 0℃(1기압하)
⑨ 밀도 : 1.000g/cm^3(4℃)

2. 물의 물리적 특성

① 수소와 산소의 공유결합 및 수소결합으로 되어 있다.
② 물의 점도는 표준상태에서 대기의 대략 100배 정도이다.
③ 물 분자 사이의 수소결합으로 큰 표면장력을 갖으며 수온이 증가하면 표면장력은 감소한다.
④ 상온에서 알칼리금속, 알칼리토금속, 철과 반응하여 수소를 발생시킨다.
⑤ 고체상태인 경우 수소결합에 의한 육각형 결정구조로 되어 있다.
⑥ 액체상태의 경우 공유결합과 수소결합의 구조로 H^+, OH^-로 전리되어 극성을 가진다. (화학구조적으로 극성을 띠어 많은 물질들을 녹일 수 있다.)
⑦ 온도차에 의한 밀도변화는 호수의 계절적 성층화와 전도를 유도한다.
⑧ 물은 2개의 수소원자가 산소원자를 사이에 두고 104.5°의 결합각을 가진 구조로 되어 있다.
⑨ 물은 유사한 분자량의 화합물보다 비열이 매우 커 수온의 급격한 변화를 방지해 준다.
⑩ 지구상에서의 물의 대규모 순환은 해양에서 대기로, 대기에서 육상 또는 해상으로, 육지에서 해양으로의 이동이다.
⑪ 기화열이 크기 때문에 생물의 효과적인 체온조절이 가능하다.
⑫ 생물체의 결빙이 쉽게 일어나지 않음은 물의 융해열이 크기 때문이다.

⑬ 비열은 1g의 물질을 14.5℃~15.5℃까지 1℃ 올리는데 필요한 열량으로 물은 유사한 분자량을 갖는 다른 화합물보다 비열이 매우 큰 특성이 있다.
⑭ 물의 점도는 수온과 불순물의 농도에 따라 달라지고, 물분자 상호간의 인력때문에 생기게 되며 온도가 높아짐에 따라 작아진다.
⑮ 물은 비압축성이며 다른 액체상태의 물질과는 달리 약 4℃일 때 밀도가 최대($1000kg/m^3$)가 된다.
⑯ 광합성의 수소공여체이며 호흡의 최종 산물이다.
⑰ 순수한 물은 극히 약한 전해질이다.
⑱ 25℃ 물의 이온곱(Kw)은 1.0×10^{-14}이다.
⑲ 온도가 증가하면 이온곱(Kw)은 증가하고, 온도가 일정하면 이온곱(Kw)도 일정하다.
⑳ 순수한 물에서 온도가 증가하면 pH가 감소한다.
㉑ 순수한 물의 액성은 중성이다.

TIP

① 수소공여체 : 생체 산화 환원계에서 수소를 다른 물질에 공급하고 그 자신은 산화되는 물질
② 수소수용체 : 탈수소반응에서, 반응물질에서 나오는 수소와 결합하여 스스로 변화하는 물질

3. 표면장력

① 표면장력은 단위길이당 작용하는 힘으로 액체표면에서 액체 내부의 당기는 힘에 의해 액체표면에 움출이는 힘이 생기는 것을 말한다.

② 용액의 무게 = 표면장력$\left(\frac{\text{힘}}{\text{길이}}\right)$× 접촉면 길이(원주길이) × $\cos\theta$

③ 용액의 무게 = 부피 × 비중량

⇒ ②식과 ③식을 등식으로 성립시키면

표면장력 × 접촉면길이 × $\cos\theta$ = 부피 × 비중량

T_m(표면장력) × π × D × $\cos\theta$

$= \frac{\pi D^2}{4}$ × h(높이) × rw(물의 비중량)

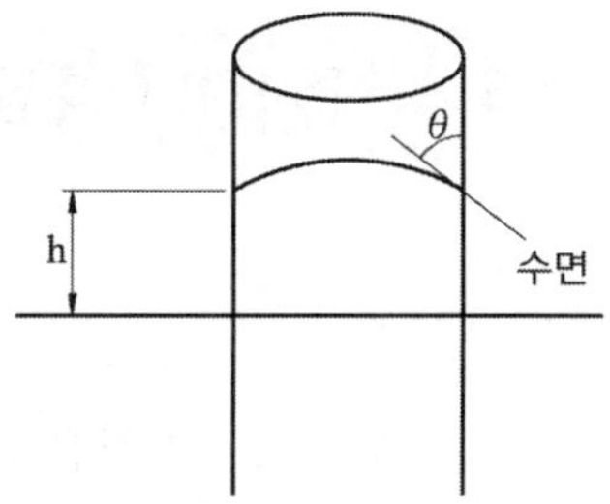

$$\therefore h = \frac{4 \cdot T_m \cdot \cos\theta}{D \cdot rw}$$

TIP

$$\begin{cases} T_m(g_f/cm) = dyne/cm \times \dfrac{1g_f}{980dyne} \\ rw(\text{물의 비중}) = 1.0g_f/cm^3 \\ D : \text{모세관 직경}(cm) \end{cases}$$

Question 17

모세관현상을 이용한 물 순환장치를 설계하고자 한다. 1cm의 물기둥을 세울 수 있는 유리관의 지름(mm)을 계산하시오. (단, 물은 정지하고 있으며, 물의 온도는 15℃, 이때의 표면장력은 73.5 dyne/cm, 물과 유리와의 접촉각은 8°이다.)

풀이

$$h = \frac{4 \times T_m \times \cos\theta}{r \times D}$$

h : 모세관 물기둥 높이(cm)　　T_m : 표면장력(g_f/cm)
D : 모세관 내경(cm)　　r : 물의 비중($1.0g_f/cm^3$)

$$\text{따라서 } D = \frac{4 \times T_m \times \cos\theta}{r \times h} = \frac{4 \times (73.5dyne/cm \times \frac{1g_f}{980dyne})g_f/cm \times \cos 8°}{1g_f/cm^3 \times 1cm} = 0.297cm = 2.97mm$$

TIP

$$T_m(g_f/cm) = T_m(dyne/cm) \times \frac{1g_f}{980dyne} = T_m(dyne/cm) \div 980$$

$$T_m(kg_f/m) = T_m(N/m) \times \frac{1kg_f}{9.8N} = T_m(N/m) \div 9.8$$

03 수자원의 특성

1. 우 수

① 우수의 주성분은 육수(陸水)보다는 해수(海水)의 주성분과 거의 동일하다고 할 수 있다.

② 해안에 가까운 우수는 염분함량의 변화가 크다.

③ 산성비가 내리는 것은 대기오염물질인 NO_x, SO_x 등의 용존성분 때문이다.

④ 완충작용이 작다.

2. 산성강우

① 주요 원인 물질은 유황산화물, 질소산화물, 염산을 들 수 있다.

② 초목의 잎과 토양으로부터 Ca^{2+}, Mg^{2+}, K^{+} 등의 용출속도를 증가시킨다.

③ 보통 대기 중 탄산가스와 평형상태에 있는 물은 약 pH 5.6의 산성을 띠고 있다.

3. 하천수

① 탁도와 색도를 나타낸다.

② 하상계수(최대유량과 최소유량의 비)가 크다.

③ 갈수기에는 수질이 악화되기 쉽다.

④ 미생물과 유기물이 많이 함유되어 있다.

⑤ 자연수의 pH는 일반적으로 CO_2와 CO_3^{2-}의 비율로서 결정된다.

4. 호소수

① 냄새, 색도, 탁도를 나타낸다.

② 영양염류(N, P)가 많아 농업용수로 적합하다.

③ 부영양화 현상(녹조현상)이 잘 발생한다.

④ 미생물 중에서 조류가 존재할 경우에는 엽록소를 가지므로 광합성 작용을 한다.

㉠ 광합성 작용 : $CO_2+H_2O \xrightarrow[\text{낮}]{\text{빛}} [CH_2O]+O_2 \uparrow$

㉡ 낮 : CO_2 감소, O_2 증가, pH 증가

㉢ 밤 : CO_2 증가, O_2 감소, pH 감소

TIP

> CO_2는 약산성 물질이므로 호소수에 CO_2가 증가하면 pH는 낮아지고, 호소수에 CO_2가 감소하면 pH는 증가하게 된다.

5. 지하수

(1) 지하수의 특징

① 분해성 유기물질이 풍부한 토양을 통과하게 되면 지하수 내에 대량의 이산화탄소가 용해된다.

② 유속이 느리며 국지적 환경조건의 영향을 크게 받는다.

③ 경도가 높고 탁도가 낮다.
④ 년중 수온의 변동 및 유량의 변화가 적고, 자정작용이 느리다.
⑤ 세균에 의한 유기물의 분해가 주된 생물작용이다.
⑥ 비교적 얕은 지하수의 염분농도는 하천수보다 평균 30% 이상 큰 값을 나타낸다.
⑦ 지하수의 오염경로는 복잡하여 오염원에 의한 오염범위를 명확하게 구분하기가 용이하지 못하다.
⑧ 지하수는 흐름을 눈으로 관찰할 수 없기 때문에 대부분의 경우 오염원의 흐름방향을 명확하게 확인하기 어렵다.
⑨ 오염된 지하수층을 제거, 원상 복구하는 것은 매우 어려우며 많은 비용과 시간이 소요된다.
⑩ 지하수는 대부분 지역에서 느린 속도로 이동하여 관측정이 오염원으로부터 원거리에 위치한 경우 오염원의 발견에 많은 시간이 소요될 수 있다.

TIP

지하수에서 경도가 높은 이유
토양수 내 유기물질 분해에 따른 탄산가스의 발생과 약산성의 빗물로 인하여 광물질이 용해되기 때문이다.

★★★ (2) 지하수 수질의 수직 분포

① 산화-환원 전위(ORP) : 상층수(고), 하층수(저)
② 용존산소(DO) : 상층수(대), 하층수(소)
③ 황산이온(SO_4^{2-}) : 상층수(대), 하층수(소)
④ 질산이온(NO_3^-) : 상층수(대), 하층수(소)
⑤ pH : 상층수(대), 하층수(소)
⑥ 유리탄산 : 상층수(대), 하층수(소)
⑦ 질소 : 상층수(소), 하층수(대)
⑧ 염분 : 상층수(소), 하층수(대)
⑨ 철이온(Fe^{2+}) : 상층수(소), 하층수(대)
⑩ 알칼리도 : 상층수(소), 하층수(대)

04 SAR(Sodium Adsorption Ratio) : 나트륨 흡착률

① $SAR = \dfrac{Na^+}{\sqrt{\dfrac{Mg^{2+}+Ca^{2+}}{2}}}$

② 단위 : meq/L = mN = mg/L ÷ 1mg당량

$Na^+ = Na^+ mg/L \div 23$

$Ca^{2+} = Ca^{2+} mg/L \div 20$

$Mg^{2+} = Mg^{2+} mg/L \div 12$

③ 판정

- SAR 0～10 : 영향 적음
- SAR 10～18 : 중간 정도 영향
- SAR 18～26 : 큰 영향
- SAR 26 이상 : 아주 큰 영향

Question 18

다음 수질을 가진 농업용수의 SAR값을 계산하시오. (단, Na^+ = 1,725mg/L, PO_4^{3-} = 1,500mg/L, Cl^- = 108mg/L, Ca^{2+} = 600mg/L, Mg^{2+} = 240mg/L, NH_3-N = 380mg/L, Na 원자량 : 23, P 원자량 : 31, Cl 원자량 : 35.5, Ca 원자량 : 40, Mg 원자량 : 24, N 원자량 : 14)

풀이 SAR(Sodium Adsorption Ratio) : 나트륨 흡착률

① $SAR = \dfrac{Na^+}{\sqrt{\dfrac{Mg^{2+}+Ca^{2+}}{2}}}$

② 단위 : meq/L = mN = mg/L ÷ 1mg당량

$Na^+ = 1{,}725mg/L \div 23 = 75mN$

$Ca^{2+} = 600mg/L \div 20 = 30mN$

$Mg^{2+} = 240mg/L \div 12 = 20mN$

③ $SAR = \dfrac{75}{\sqrt{\dfrac{30+20}{2}}} = 15$

제3장 수자원 및 물의 특성

실전연습문제

01 지구에서 물(담수)의 저장 형태 중 가장 많은 양을 차지하는 것은?

㉮ 만년설과 빙하 ㉯ 담수호
㉰ 토양수 ㉱ 대기

풀이 지구상의 담수의 분포 중 가장 많이 차지하고 있는 것이 빙하(만년설 포함)이고, 그 다음이 지하수이다.

02 다음 우리나라의 수자원 이용현황 중 가장 많은 용도로 사용하고 있는 용수는 어느 것인가?

㉮ 생활용수 ㉯ 공업용수
㉰ 하천유지용수 ㉱ 농업용수

풀이 우리나라 수자원 이용현황은 농업용수 > 하천유지용수 > 생활용수 > 공업용수 순이다.

03 물의 물리적 특성을 나타내는 용어 중 단위가 잘못 표현된 것은 어느 것인가?

㉮ 밀도 - g/cm^3
㉯ 표면장력 - $dyne/cm^2$
㉰ 압력 - $dyne/cm^2$
㉱ 열전도도 - cal/cm · sec · ℃

풀이 ㉯ 표면장력 - dyne/cm

04 물의 물리적 성질을 나타낸 것으로 틀린 것은 어느 것인가?

㉮ 비열 1.0cal/g(20℃)
㉯ 표면장력 72.75dyne/cm(20℃)
㉰ 비저항 $2.5\times10^7\,\Omega\cdot cm$
㉱ 기화열 539.032cal/g(100℃)

풀이 ㉮ 비열 1.0cal/g · ℃(15℃)

05 물의 밀도가 가장 큰 값을 나타내는 온도는 얼마인가?

㉮ -10℃ ㉯ 0℃
㉰ 4℃ ㉱ 10℃

06 다음 중 물이 가지는 특성으로 틀린 것은?

㉮ 물의 밀도는 0℃에서 가장 크며 그 이하의 온도에서는 얼음형태로 물에 뜬다.
㉯ 물은 광합성의 수소공여체이며 호흡의 최종산물이다.
㉰ 생물체의 결빙이 쉽게 일어나지 않는 것은 융해열이 크기 때문이다.
㉱ 물은 기화열이 크기 때문에 생물의 효과적인 체온조절이 가능하다.

풀이 ㉮ 물의 밀도는 4℃에서 $1g/cm^3$ 로 가장 크다.

정답 01 ㉮ 02 ㉱ 03 ㉯ 04 ㉮ 05 ㉰ 06 ㉮

07 물의 물리화학적 특성에 관한 설명으로 틀린 것은?

㉮ 물은 기화열이 작기 때문에 생물의 효과적인 체온조절이 가능하다.
㉯ 물(액체)분자는 H^+와 OH^-의 극성을 형성하므로 다양한 용질에 유효한 용매이다.
㉰ 물은 광합성의 수소 공여체이며 호흡의 최종산물로서 생체의 중요한 대사물이 된다.
㉱ 물은 융해열이 크기 때문에 생활에 적합한 매체가 된다.

풀이 ㉮ 물은 기화열이 크기 때문에 생물의 효과적인 체온조절이 가능하다.

08 물의 물리, 화학적 특성으로 옳지 않은 것은?

㉮ 물은 온도가 낮을수록 밀도는 커진다.
㉯ 물 분자는 H^+와 OH^-로 극성을 이루므로 유용한 용매가 된다.
㉰ 물은 기화열이 크기 때문에 생물의 효과적인 체온조절이 가능하다.
㉱ 생물체의 결빙이 쉽게 일어나지 않는 것은 물의 융해열이 크기 때문이다.

풀이 ㉮ 물은 온도가 4℃일 때 밀도가 가장 크다.

09 물의 물리 화학적 특성에 관한 설명으로 가장 거리가 먼 것은?

㉮ 물은 고체상태인 경우 수소결합에 의해 육각형 결정구조를 가진다.
㉯ 물(액체)분자는 H^+와 OH^-의 극성을 형성하므로 다양한 용질에 유효한 용매이다.
㉰ 물은 광합성의 수소 공여체이며 호흡의 최종산물로서 생체의 중요한 대사물이 된다.
㉱ 물은 융해열이 크지 않기 때문에 생명체의 결빙을 방지할 수 있다.

풀이 ㉱ 물은 융해열이 크기 때문에 생명체의 결빙을 방지할 수 있다.

10 물의 특성으로 옳지 않는 것은?

㉮ 물의 표면장력은 온도가 상승할수록 감소한다.
㉯ 물은 4℃에서 밀도가 가장 크다.
㉰ 물의 여러 가지 특성은 물의 수소결합 때문에 나타난다.
㉱ 융해열과 기화열이 작아 생명체의 열적 안정을 유지할 수 있다.

풀이 ㉱ 융해열과 기화열이 커 생명체의 열적안정을 유지할 수 있다.

정답 07 ㉮ 08 ㉮ 09 ㉱ 10 ㉱

11 물의 물리 화학적 특성에 대한 내용으로 틀린 것은 어느 것인가?

㉮ 순수한 물의 무게는 약 4℃에서 최대의 밀도를 가지며 온도가 상승하거나 하강하면 그 체적은 증대하여 일정 체적당 무게는 감소한다.

㉯ 액체 표면에 작용하는 분자간의 힘인 표면장력은 수온이 증가하고 불순물의 농도가 높을수록 감소한다.

㉰ 물의 점성은 분자상호간의 인력 때문에 생기며 층간의 전단응력으로 점성도를 나타내게 되는데, 수온이 증가하면 점성도도 증가한다.

㉱ 물의 융점(melting point)과 비점(boiling point)은 물과 유사한 화합물(H_2S, HF, CH_4)에 비해 매우 높다.

풀이 ㉰ 물의 점성은 분자상호간의 인력 때문에 생기며 층간의 전단응력으로 점성도를 나타내게 되는데, 수온이 증가하면 점성도는 감소한다.

12 물의 점성과 점성계수에 관한 설명으로 옳지 않은 것은?

㉮ 물의 점성은 분자상호간의 인력 때문에 생기며 층간의 전단응력으로 점성을 나타낸다.

㉯ 점성계수의 단위는 stokes로 나타낸다.

㉰ 점성계수는 온도가 20℃보다 0℃ 일 때 그 값이 크다.

㉱ 동점성계수는 점성계수를 밀도로 나눈 값이다.

풀이 ㉯ 동점성계수의 단위는 stokes로 나타낸다.

13 자연수의 수질 및 특성에 관한 설명으로 옳지 않은 것은?

㉮ 자연수의 pH는 CO_2와 CO_3^{2-}의 비율로서 결정되는데, 공기 중의 탄산가스가 수분에 용해된 탄산의 포화평형상태 pH는 약 6.3이다.

㉯ 낙차가 큰 물은 교란과 폭기작용으로 인해 pH가 높아진다.

㉰ 조류의 광합성 작용이 활발하면 물의 pH는 높아진다.

㉱ 액체상태의 물은 공유결합과 수소결합의 구조로 H^+, OH^-로 전리되어 전하적으로 양성을 가진다.

풀이 ㉮ 자연수의 pH는 CO_2와 CO_3^{2-}의 비율로서 결정되는데, 공기 중의 탄산가스가 수분에 용해된 탄산의 포화평형상태 pH는 약 5.6이다.

14 우수(雨水)에 대한 내용으로 틀린 것은 어느 것인가?

㉮ 우수의 주성분은 육수(陸水)보다는 해수(海水)의 주성분과 거의 동일하다고 할 수 있다.

㉯ 해안에 가까운 우수는 염분함량의 변화가 크다.

㉰ 용해성분이 많아 완충작용이 크다.

㉱ 산성비가 내리는 것은 대기오염물질인 NO_X, SO_X등의 용존성분 때문이다.

풀이 ㉰ 용해성분이 적어 완충작용이 낮다.

정답 11 ㉰ 12 ㉯ 13 ㉮ 14 ㉰

15 산성비를 정의할 때 기준이 되는 수소이온농도(pH)는?

㉮ 4.3 ㉯ 4.5
㉰ 5.6 ㉱ 6.3

풀이 산성비는 대기중의 탄산가스(CO_2)가 대기 중의 수분이나 운적에 용해되면 약산성인 탄산을 형성하여 포화 평형상태의 pH는 5.6이 된다.

16 자연수 중 지하수의 경도가 높은 이유는 다음 중 주로 어떤 물질의 영향인가?

㉮ NH_3 ㉯ O_2
㉰ Colloid ㉱ CO_2

17 지하수의 특성을 지표수와 비교해서 설명한 것 중 옳지 않은 것은?

㉮ 경도가 높다.
㉯ 자정작용이 빠르다.
㉰ 탁도가 낮다.
㉱ 수온변동이 적다.

풀이 ㉯ 자정작용이 느리다.

18 다음 중 지하수의 수질특성으로 옳지 않은 것은?

㉮ 세균에 의한 유기물 분해가 주된 생물작용이다.
㉯ 지표수에 비하여 경도가 높은 편이다.
㉰ 국지적인 환경조건의 영향이 적다.
㉱ 자정속도가 느리다.

풀이 ㉰ 국지적인 환경조건의 영향이 크다.

19 지하수의 특성에 대한 내용으로 틀린 것은 어느 것인가?

㉮ 염분농도는 비교적 얕은 지하수에서는 하천수보다 평균 80% 정도 이상 큰 값을 나타낸다.
㉯ 지하수에 무기물질이 물에 용해되는 순서를 보면 규산염, Ca 및 Mg의 탄산염, 마지막으로 염화물 알칼리 금속의 황산염 순서로 된다.
㉰ 자연 및 인위의 국지적 조건의 영향을 받기 쉽다.
㉱ 세균에 의한 유기물의 분해가 주된 생물작용이 된다.

20 지하수의 특성에 관한 내용으로 옳지 않은 것은?

㉮ 토양수 내 유기물질 분해에 따른 CO_2의 발생과 약산성의 빗물로 인한 광물질의 침전으로 경도가 낮다.
㉯ 기온의 영향이 거의 없어 연중 수온의 변동이 적다.
㉰ 하천수에 비해 흐름이 완만하여 한번 오염된 후에는 회복되는데 오랜 시간이 걸리며 자정작용이 느리다.
㉱ 토양의 여과작용으로 미생물이 적으며 탁도가 낮다.

풀이 ㉮ 토양수 내 유기물질 분해에 따른 CO_2의 발생과 약산성의 빗물로 인하여 광물질이 용해되어 경도가 높다.

정답 15 ㉰ 16 ㉱ 17 ㉯ 18 ㉰ 19 ㉯ 20 ㉮

21 농업용수의 수질을 분석할 때 이용되는 SAR(Sodium Adsorption Ratio)과 관계 없는 것은?

㉮ Na^+ ㉯ Mg^{2+}
㉰ Ca^{2+} ㉱ Fe^{2+}

풀이

$$SAR(나트륨\ 흡착률)=\frac{Na^+}{\sqrt{\frac{Mg^{2+}+Ca^{2+}}{2}}}$$

22 농업용수의 수질 평가시 사용되는 SAR (Sodium Adsorption Ratio) 산출식에 관련된 원소로만 짝지어진 것은?

㉮ Na, Ca, Mg ㉯ Mg, Ca, Fe
㉰ K, Ca, Mg ㉱ Na, Al, Mg

풀이

$$SAR(나트륨\ 흡착률)=\frac{Na^+}{\sqrt{\frac{Mg^{2+}+Ca^{2+}}{2}}}$$

23 Na^+ 460mg/L, Ca^{2+} 200mg/L, Mg^{2+} 264mg/L인 농업용수가 있다. 이때 SAR(Sodium Adsorption Ratio)의 값은 얼마인가? (단, Na : 23, Ca : 40, Mg : 24)

㉮ 4 ㉯ 5
㉰ 6 ㉱ 7

풀이

$$SAR=\frac{Na^+}{\sqrt{\frac{Ca^{2+}+Mg^{2+}}{2}}}$$

① 이온의 단위 : mN = meq/L
② mN = mg/L ÷ 1mg 당량
Na^+ = 460mg/L ÷ 23 = 20mN
Ca^{2+} = 200mg/L ÷ 20 = 10mN
Mg^{2+} = 264mg/L ÷ 12 = 22mN

③ $SAR=\frac{20}{\sqrt{\frac{10+22}{2}}}=5$

24 어떤 하천의 물을 농업용수로 적당한가를 알아보기 위하여 수질분석한 결과는 다음과 같다. 이 하천의 Sodium Adsorption Ratio는? (단, 원자량은 Na = 23, Ca = 40, Mg = 24.3, P = 31, N = 14, O = 16)

이온	Na^+	Ca^{+2}	Mg^{+2}	PO_4^{3}	NO_3^-
농도 (mg/L)	184	50	97.2	100	68

㉮ 1.5 ㉯ 2.5
㉰ 3.5 ㉱ 4.5

풀이

$$나트륨\ 흡착률(SAR)=\frac{Na^+}{\sqrt{\frac{Ca^{2+}+Mg^{2+}}{2}}}$$

Na^+ = Na^+mg/L ÷ 23 = 184mg/L ÷ 23 = 8mN
Ca^{2+} = Ca^{2+}mg/L ÷ 20 = 50mg/L ÷ 20 = 2.5mN
Mg^{2+} = Mg^{2+}mg/L ÷ 12.15 = 97.2mg/L ÷ 12.15
= 8mN

따라서 $SAR=\frac{8}{\sqrt{\frac{2.5+8}{2}}}=3.49$

TIP

meq/L = me/L = mN = mg/L÷1mg 당량

정답 21 ㉱ 22 ㉮ 23 ㉯ 24 ㉰

Chapter 04

수질 미생물학

01 미생물의 분류 및 특성

1. 에너지원과 탄소원에 의한 미생물의 분류

① 광합성 독립(자가) 영양 미생물의 에너지원은 빛이며 탄소원은 CO_2이다.

② 화학합성 독립(자가) 영양 미생물의 에너지원은 무기물의 산화·환원반응이며 탄소원은 CO_2이다.

③ 광합성 종속(타가) 영양 미생물의 에너지원은 빛이며 탄소원은 유기탄소이다.

④ 화학합성 종속(타가)영양 미생물의 에너지원은 유기물의 산화·환원반응이며 탄소원은 유기탄소다.

★★★

분 류	에너지원	탄소원
광합성 독립(자가) 영양 미생물	빛	CO_2
화학합성 독립(자가) 영양 미생물	무기물의 산화·환원 반응	CO_2
광합성 종속(타가) 영양 미생물	빛	유기탄소
화학합성 종속(타가) 영양 미생물	유기물의 산화·환원 반응	유기탄소

2. 광합성 작용

① 호기성 광합성(녹색식물의 광합성)은 진조류와 청록조류를 위시하여 고등식물에서 발견된다.

② 녹색식물의 광합성은 탄산가스와 물로부터 산소와 포도당(또는 포도당 유도산물)을 생성하는 것이 특징이다.

③ 녹색식물의 광합성시 광은 에너지를 그리고 물은 환원반응에 수소를 공급해 준다.

④ 세균활동에 의한 광합성은 황화수소와 수소를 수소원으로 하며 산소가 발생하지 않는다.

⑤ 광합성 반응식 $CO_2 + H_2O \xrightarrow[\text{낮}]{\text{햇빛}} [CH_2O] + O_2 \uparrow$

3. 이화작용(Catabolic Processes)

① 세포합성에 필요한 전구물질과 에너지를 얻기 위해 세포에 의해서 수행되는 화학반응 (대사, 생물체가 화학적으로 복잡한 물질을 간단한 물질로 분해하는 과정)

② 발열반응이며 에너지 생성 반응이다.

4. 동화작용(Anabolic Processes)

① 세포가 새로운 세포를 합성하는데 이용

② 흡열반응이며 소비반응이다.

5. 질소순환

① 질소를 고정하는 미생물은 공생적 질소 고정작용을 하는 뿌리혹 박테리아(Rhizobium)가 있다.

② 무기질소는 유기질소 형태로 결합된 후 단백질이나 핵산을 거쳐서 노폐물이나 죽은 생물체의 원형질 형태로 되돌아온다.

③ 질산화 미생물은 화학합성을 하는 독립영양미생물이다.

④ 질산화과정에서 암모니아성 질소에서 아질산성 질소를 전환되는 것보다 아질산성 질소에서 질산성 질소로 전환되는 것이 적은 양의 에너지가 소비된다.

⑤ 대기의 질소는 방전작용과 질소고정세균, 조류 특히 남조류에 의하여 끊임없이 제거된다.

⑥ 아질산균은 호기성하에서 암모니아를 아질산염으로 변화시키고 그 산화로부터 필요한 에너지를 얻는다.

⑦ 동물이나 인간은 대기나 무기물 중의 질소를 이용하여 단백질을 만들어 낼 수 없다.

⑧ 호기성 조건에서 암모늄이온은 일부 독립영양미생물에 의하여 아질산성 질소와 질산성 질소의 형태로 전환되는데 이 과정을 Nitrification이라고 한다. (암모니아성 질소는 호기성 조건하에서는 질산균에 의해 NO_2-N, NO_3-N이 된다.)

02 미생물의 종류

1. 환경미생물

① 미생물계에 있어서 진핵세포와 원핵세포의 차이는 핵막의 유무뿐만 아니라 세포구조의 다른 점에도 있다.

② 미생물의 성장단계 중 감소성장단계를 수처리에 주로 적용하고 있다.

③ 진균류는 다핵의 진핵생물이며 비광합성이고 호기성이다.

④ 박테리아는 미세한 단세포 생물로서 분열에 의해서 증식한다.

⑤ 친냉성 미생물 : 10~30℃(최적 12~18℃)
친온성 미생물 : 20~50℃(최적 25~40℃)
친열성 미생물 : 35~75℃(최적 55~65℃)

★★★ 2. 중요한 물질의 경험적인 화학식

① 박테리아 : $C_5H_7O_2N$

② 조류 : $C_5H_8O_2N$

③ 곰팡이(Fungi) : $C_{10}H_{17}O_6N$

④ 원생동물(Protozoa) : $C_7H_{14}O_3N$

★ 3. Fungi(곰팡이)

① 유기물질을 섭취하는 식물로 폐수 내의 질소와 용존산소가 부족한 경우에도 잘 성장하며 pH가 낮은 경우에도 잘 자라 산성폐수의 처리에도 이용되는 미생물이다.

② 경험적인 화학식은 $C_{10}H_{17}O_6N$이다.

③ 활성슬러지의 팽화(벌킹)현상을 유발한다.

④ 엽록소가 없어 탄소동화작용을 못한다.

★★ 4. Bacteria(박테리아)

① 가장 간단한 식물로서 용해된 유기물을 섭취하며 생물학적 수처리에서 가장 중요한 미생물이다.

② 경험적 화학식은 $C_5H_7O_2N$이다.

③ 박테리아는 H_2O가 80%, 고형물이 20%로 구성되어 있으며 고형물은 90%가 유기물이고 10%가 무기물이다.

④ 박테리아는 0.8~5μm의 단세포생물이며 이분법(세포분열)에 의해 증식한다.

⑤ 환경인자(pH, 온도)에 대하여 민감하며 열보다 낮은 온도에서 저항성이 높다.

⑥ 성장을 위한 환경적인 조건에 따라 분류할 때 바닷물과 비슷한 염 조건하에서 가장 잘 자라는 박테리아(호염균)가 Halophiles이다.

⑦ 엽록소가 없어 탄소동화작용을 못한다.

TIP

협기성 박테리아의 경험적 화학식은 $C_5H_9O_3N$ 이다.

★★★ 5. 조류(Algae)

① 경험적인 화학식이 $C_5H_8O_2N$으로 수중의 용존산소 균형에 영향을 준다.

② 상수원에서는 색, 맛, 불쾌한 냄새유발, pH저하, 여과지나 스크린 폐쇄 등에 영향을 준다.

③ 엽록소를 가지며 탄소동화작용(광합성작용)을 한다.

(1) 규조류

① 봄과 가을에 순간적 급성장을 보여 호수와 성층현상과 관련 있는 것으로 판단되는 조류는 보통 단세포이며 드물게 군락을 이루고 있는 경우가 있으며 초기지질시대에 호수에 번성하여 축적된 잔해가 가끔 거대한 퇴적층을 형성하기도 하는 조류이다.

② 황조류로 엽록소 a, c와 크산토필의 색소를 가지고 있는 세포벽이 형태상 독특한 단세포 조류이며, 찬물 속에서도 잘 자라 북극지방에서나 겨울철에 번성하는 것을 발견할 수 있는 조류이다.

(2) 남조류(Blue green algae)

① 세포벽의 형태가 박테리아와 유사하며, 섬유상이나 군락상의 단세포로 편모가 없으며, 엽록소가 엽록체 내부에 있지 않고 세포 전체에 퍼져있는 원핵생물이다.

② 내부기관이 발달되어 있지 않고 Bacteria에 가까우며 광합성을 하는 미생물이다.

③ 호기성 신진대사를 하며 전자공여체로 물을 사용한다.

④ 대기로부터 질소고정능력을 가진다.

(3) 녹조류(Green Algae)

① 조류 중 가장 큰 문(division)이다.
② 세포벽은 엽록소이다.
③ 클로로필 a, b를 가지고 있다.
④ 종류는 단세포와 다세포가 있으며, 비운동성이 있는가 하면 유영편모(Swimming flagella)를 갖춘 것도 있다.

6. 효 모

① 무성생식의 하나인 출아에 의해서 번식하는 비사상성 곰팡이다.
② 넓은 범위의 온도 및 pH에 적응하기 때문에 자연수계에서 높은 농도로 발견된다.
③ 광합성 능력이 없고 운동성이 없는 단세포생물의 총칭이다.
④ 8μm 크기의 타원형과 구형이 있다.
⑤ 포자를 만들지 않는 효모는 불완전 균류에 속한다.

7. 원생동물(Protozoa)

① 많은 원생동물은 녹조류가 진화과정에서 단지 엽록소를 상실함으로써 생긴 것으로 추측할 수 있다.
② 구성물질은 80% 정도가 물이며 경험적으로 $C_7H_{14}O_3N$의 화학구조식으로 사용한다.
③ 대개 호기성으로 크기가 100μm 이내의 것이 많으며 용해성 유기물 또는 세균 등을 섭취한다.
④ 원생동물은 위족류, 편모충류, 섬모충류 등으로 나눌 수 있다.
⑤ 단핵, 운동성, 비광합성 미생물이다.

(1) 위족류

① 원형질이 일정한 모양을 유지하지 않으며 유동하여 위족을 만들어서 아메바상 운동을 한다.
② 세포벽을 갖지 않는다.

(2) 편모충류

① 몸에 1개 이상의 편모를 가진다.
② 편모를 움직여 활발히 운동한다.

③ 식물성 편모충류는 색소체를 가지며 독립(자가) 영양성이다.
④ 동물성 편모충류는 색소체가 없으며 종속(타가) 영양성이다.

(3) 섬모충류

① 몸 전체나 일부에 여러 개의 섬모가 있으며 그것으로 움직이거나 물을 빨아들여 먹이를 잡는다.
② 고착형과 자유유영형이 있다.

8. 후생동물(Metazoa)

① 일명 고등동물이라고도 한다.
② 다세포 동물이다.
③ 해면동물, 윤충류(Rotifer), 선형동물, 연체동물, 절지동물 등이 이에 속한다.
④ 하천에서 윤충이 발견되면 깨끗한 하천수로 본다.

(1) 윤충류(Rotifer)

① 몸통을 자유롭게 움직이며 위에 있는 입으로 먹이를 먹는다.
② 폐수처리장 유출수에서 Rotifer가 나타나면 폐수처리가 잘 된 것으로 본다.
③ 하천에서 Rotifer가 있으면 하천수가 깨끗한 상태로 간주한다.

(2) 갑각류(Crusfaceans)

① 생긴 모양이 거미와 비슷하다.
② 박테리아(Bacteria)나 원생동물(Protozoa)로 구성되어 있는 슬러지를 먹이로 한다.

9. 원핵세포

① 원핵세포의 세포벽은 세포막의 외부에 위치하며 세포를 지지하고 보호해주는 견고한 구조로 되어 있다.
② 원핵세포의 리보솜은 단백질과 리보핵산으로 구성되어 있는 작은 과립체이다.
③ 원핵세포의 세포크기는 진핵세포에 비하여 작다.
④ 세포벽은 펩티드 글리칸으로 구성되어 있다.
⑤ 유사분열을 하지 않는다.
⑥ 핵막이 없다.
⑦ 리보솜은 70S이다.

10. 진핵생물(진핵세포)

① 유사분열을 하며 염색체가 여러 개이다.
② 호흡을 위한 사립체가 있다.
③ 2~9개의 편모가 있다.
④ 세포벽은 셀룰로즈, 키틴질로 되어 있다.
⑤ 세포소기관으로 미토콘드리아, 엽록체, 액포 등이 존재한다.
⑥ 핵막이 있다.
⑦ 리보솜은 80S(예외로 미토콘드리아와 엽록체는 70S)이다.

원핵세포(원핵미생물)와 진핵세포(진핵미생물)의 비교

	원핵세포	진핵세포
핵 막	없다	있다
세포벽	있다 (펩티드 글리칸으로 구성)	동물과 대부분의 원생동물에 없음. 식물, 조류, 곰팡이에 있음. (셀룰로즈, 키틴질로 구성)
세포막	있다	있다
리보솜	있다(70S)	있다(80S)
골지체	없다	있다
리소좀	없다	있다
염색체수	있다	여러 개 있다
편모	있다	있다
미토콘드리아(사립체)	없다	있다
미생물군	박테리아, 남조류	조류, 균류, 원생동물

박테리아의 세포성분 및 기능

세포성분	기능
세포벽	세포의 기계적 보호기능
세포막	영양분 세포로 들어가는 것 조절(투과 및 수송)
편모	세포 이동력 제공(운동력)
리보솜	단백질 생성
메소좀	세포의 호흡기능 집중된 부분

03 미생물의 성장 단계

1. 미생물의 성장과 먹이와의 관계

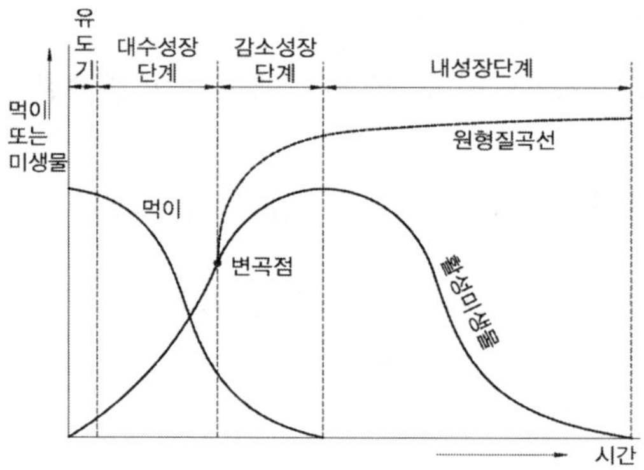

2. 미생물의 성장과 특성

① **순서** : 유도기 → 대수성장단계 → 감소성장단계 → 내성장단계

② **유도기** : 수중에서 미생물과 유기물이 상호작용하는 단계, 각종 효소 단백질을 생합성하는 단계

③ **대수성장단계** : 미생물이 엉키지 않고 자라는 분산성장단계, 먹이가 풍부하고 증식 속도가 가장 큰 단계, 새로운 세포물질이 지배적인 단계, floc이 비대하여 침강성이 낮은 단계

④ **감소성장단계** : 미생물이 엉켜 floc 형성 단계, 원형질이 개체수보다 많아지는 단계, 먹이가 부족하게 되는 단계

⑤ **내성장단계** : 미생물의 증식이 정지되는 단계

TIP

미생물의 증식곡선 단계 순서를 찾는 문제

① 4단계 : 유도기－대수기－정지기－사멸기

② 7단계 : 유도기－대수증식기－감소성장기－정지기－증가사멸기－대수사멸기－사멸기

04 미생물의 성장 동력학

★★★ 1. Monod식에 의한 세포의 비증식 속도 계산식

$$\mu = \mu_{max} \times \frac{S}{Ks+S}$$

- μ : 세포의 비증식 계수(/hr)
- μ_{max} : 세포의 최대 비증식 계수(/hr)
- S : 제한기질의 농도(mg/L)
- Ks : 반포화 농도(즉, $\mu = \frac{1}{2}\mu_{max}$ 일 때 제한기질의 농도(mg/L))

Question 19

어느 배양기(培養基)의 제한기질농도(s)가 100mg/L, 세포최대비증식계수(μ_{max})가 0.23/hr일 때 Monod식에 의한 세포의 비증식계수(/hr)를 계산하시오. (단, 제한기질 반포화농도(Ks)는 30mg/L이다.)

풀이 Monod식에 의한 세포의 비증식 속도 계산식

$$\mu = \mu_{max} \times \frac{S}{Ks+S}$$

$$\mu = 0.23/hr \times \frac{100mg/L}{(30+100)mg/L} = 0.18/hr$$

2. 세포의 증식속도

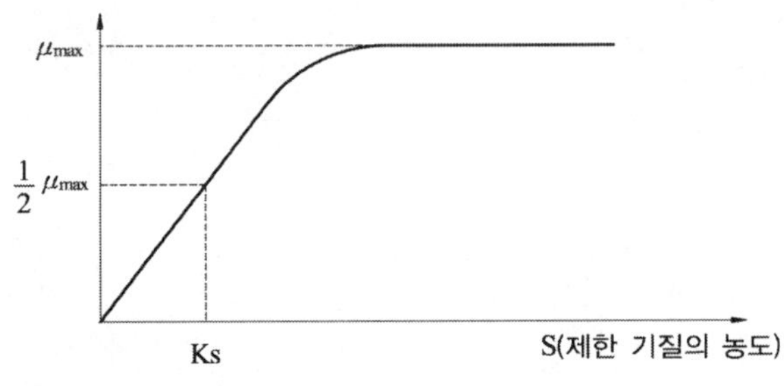

$$rg = \mu \times X = \frac{\mu_{max} \times X \times S}{K_s + S}$$

- rg : 기질의 농도 변화율(g/m^3 · day)
- X : 미생물 농도(g/m^3)
- S : 제한기질의 농도(g/m^3)
- μ : 세포의 비증식 계수(/day)
- K_s : 반포화 농도(g/m^3)

3. Michaelis-Menten식

$$r = \frac{R_{max} \times S}{K_m + S}$$

r : 비증식 속도
R_{max} : 최대성장속도
S : 제한기질의 상수
K_m : Michaelis 상수

Question 20

Michaelis-Menten식에 의하여 정의된 반응의 80%가 완료되는데 걸리는 시간(hr)을 계산하시오. (단, 이 때 초기기질농도 = 32mg/L, 최대반응속도 μ_{max} = 4.3mg/L·hr, 평형상수 K = 1.5mg/L이다.)

풀이

$$\mu_{max} \times t = -K \times \ln \frac{S_t}{S_o} + (S_o - S_t)$$

μ_{max} : 최대반응속도(mg/L·hr)
S_o : 초기기질농도(mg/L)
S_t : t시간 후의 기질농도(mg/L)
t : 시간
K : 평형상수(mg/L)

따라서 $4.3\text{mg/L}\cdot\text{hr} \times t = -1.5\text{mg/L} \times \ln\left(\frac{32 \times 0.2\text{mg/L}}{32\text{mg/L}}\right) + (32 - 32 \times 0.2)\text{mg/L}$

$\therefore t = 6.52\text{hr}$

제4장 수질 미생물학

실전연습문제

01 미생물의 종류를 분류할 때 에너지원에 따라 분류된 것은?

㉮ Autotroph, Heterotroph
㉯ Phototroph, Chemotroph
㉰ Aerotroph, Anaerotroph
㉱ Thermotroph, Psychrotroph

풀이 Phototroph : 광합성 미생물
Chemotroph : 화학합성 미생물

TIP

분류	에너지원	탄소원
광합성 자가(독립) 영양 미생물	빛	CO_2
화학합성 자가 (독립) 영양 미생물	무기물의 산화·환원 반응	CO_2
광합성 타가(종속) 영양 미생물	빛	유기탄소
화학합성 타가 (종속) 영양 미생물	유기물의 산화·환원 반응	유기탄소

02 미생물군 중에서 에너지원으로 빛을 이용하며 유기탄소를 탄소원으로 사용하는 미생물군은?

㉮ 광합성 독립영양 미생물
㉯ 화학합성 독립영양 미생물
㉰ 광합성 종속영양 미생물
㉱ 화학합성 종속영양 미생물

03 화학합성 자가영양미생물계의 에너지원과 탄소원으로 가장 옳은 것은?

㉮ 빛, CO_2
㉯ 유기물질의 산화환원반응, 유기탄소
㉰ 빛, 유기탄소
㉱ 무기물의 산화환원반응, CO_2

04 다음의 용어에 대한 설명 중 틀린 것은?

㉮ 독립영양계 미생물이란 CO_2를 탄소원으로 이용하는 미생물이다.
㉯ 종속영양계 미생물이란 유기탄소를 탄소원으로 이용하는 미생물을 말한다.
㉰ 화학합성독립영양계 미생물은 유기물의 산화환원 반응을 에너지원으로 한다.
㉱ 광합성독립영양계 미생물은 빛을 에너지원으로 한다.

풀이 ㉰ 화학합성독립영양계 미생물은 무기물의 산화환원 반응을 에너지원으로 한다

정답 01 ㉯ 02 ㉰ 03 ㉱ 04 ㉰

05 수질오염에 관계되는 미생물과 그 경험적 분자식이 알맞은 것은 어느 것인가?

㉮ Bacteria : $C_5H_{10}O_2N$
㉯ Algae : $C_7H_{12}O_2N$
㉰ Protozoa : $C_7H_{14}O_3N$
㉱ Fungi : $C_{10}H_{15}O_6N$

06 다음 중 조류의 경험적 화학 분자식으로 가장 적절한 것은?

㉮ $C_4H_7O_2N$　㉯ $C_5H_8O_2N$
㉰ $C_6H_9O_2N$　㉱ $C_7H_{10}O_2N$

풀이 조류의 경험적 화학 분자식은 $C_5H_8O_2N$이다.

07 Bacteria의 약 80%는 H_2O이고, 약 20%가 고형물로 구성되어 있다. 이 고형물 중 유기물질은 약 몇 %인가?

㉮ 70%　㉯ 80%
㉰ 90%　㉱ 99%

풀이 Bacteria(박테리아)는 H_2O가 80%, 고형물이 20%로 구성되어 있으며 고형물 중 90%가 유기물이고 10%가 무기물이다.

08 남조류(Blue Green Algae)에 관한 설명과 가장 거리가 먼 것은?

㉮ 부영양화에서 주로 문제가 된다.
㉯ 편모와 엽록체 내에 엽록소가 있다.
㉰ 세포내 기포의 발달로 수표면에 밀집되는 특성이 있다.
㉱ 세포합성을 위해 공기를 통한 질소고정을 할 수 있다.

풀이 ㉯ 엽록소가 엽록체 내부에 있지 않고 세포전체에 퍼져있다.

09 다음 중 환경미생물에 관한 내용으로 틀린 것은 어느 것인가?

㉮ bacteria는 단세포 원핵성 진정세균으로, 형상에 따라 막대형, 구형, 나선형 및 사상형으로 구분한다.
㉯ Fungi는 다세포, 호기성, 비광합성, 유기종속영양형 진핵원생생물로, 번식방법에 따라 유성, 무성, 분열, 발아, 포자형성으로 분류한다.
㉰ Algae는 단세포 또는 다세포의 유기영양형 광합성 원생동물이다.
㉱ Protozoa는 세포벽이 없는 단세포 진핵미생물로, 대부분이 호기성 또는 임의성을 띈 혐기성 화학합성 종속영양 생물이다.

풀이 ㉰ Algae는 단세포 또는 다세포의 유기영양형 광합성 원핵미생물(원핵세포)이다.

10 환경미생물에 관한 설명으로 옳지 않은 것은?

㉮ Bacteria는 형상에 따라 막대형, 구형, 나선형 등으로 구분되며 용해된 유기물을 섭취한다.
㉯ Fungi는 탄소동화작용을 하지 않으며 폐수 내 질소와 용존산소가 부족한 환경에서도 잘 성장한다.
㉰ Algae는 단세포 또는 다세포의 유기영양형 광합성 원생동물이다.
㉱ Protozoa는 편모충류, 섬모충류 등이 있으며 흔히 박테리아 같은 미생물을 잡아먹는다.

풀이 ㉰ Algae(조류)는 대부분 단세포성이나 일부는 사상성 또는 집락성을 가지며 광합성 독립(자가)영양미생물이 대부분이다.

정답 05 ㉰ 06 ㉯ 07 ㉰ 08 ㉯ 09 ㉰ 10 ㉰

11 수중에 존재하는 유기체에 관한 설명으로 가장 거리가 먼 것은?

㉮ 청-녹조류는 섬유상이나 군락상의 단세포로 나타나며, 표면수의 온도가 높은 더운 늦여름에는 특히 많다.

㉯ 녹조류는 단세포와 다세포가 있으며, 비운동성이 있는가 하면 유영편모를 갖춘 것도 있다.

㉰ 균류는 박테리아보다는 산성조건과 더 건조한 환경에서 보다 잘 견디며 주로 다세포 식물이다.

㉱ 규조류의 녹유기체는 보통 다세포이며, 주로 군락을 형성하고, 운동성이다.

12 다음 수처리에 이용되는 습지식물 중 부수식물(free floating plants)에 해당하지 않는 것은?

㉮ 부레옥잠　㉯ 물수세미
㉰ 생이가래　㉱ 물개구리밥류

13 모든 진핵생물이 가지고 있는 세포소기관(organelles)은 어느 것인가?

㉮ 핵막　㉯ 미토콘드리아
㉰ 리보좀　㉱ 세포벽

풀이 모든 진핵생물이 가지고 있는 세포소기관은 미토콘드리아이다.

14 원생생물은 세포의 분화정도에 따라 진핵생물과 원핵생물로 나눌 수 있다. 다음 중 원핵세포와 비교하여 진핵세포에만 있는 것은?

㉮ DNA　㉯ 리보솜
㉰ 편모　㉱ 세포소기관

15 미생물에 관한 설명으로 옳지 않은 것은?

㉮ 진핵세포는 핵막이 있으나 원핵세포는 없다.

㉯ 세포소기관인 리보솜은 원핵세포에 존재하지 않는다.

㉰ 조류는 진핵미생물로 엽록체라는 세포소기관이 있다.

㉱ 진핵세포는 유사분열을 한다.

풀이 ㉯ 세포성분인 리보솜은 원핵세포에 존재한다.

16 진핵생물이나 원핵생물 세포내 '리보솜'의 역할로 가장 옳은 것은?

㉮ 호흡대사

㉯ 소화, 잔유물 제거와 배출

㉰ 단백질 합성

㉱ 화학에너지 전환

풀이 리보솜의 역할은 단백질 합성이다.

정답 11 ㉱　12 ㉯　13 ㉯　14 ㉱　15 ㉯　16 ㉰

17 미생물의 증식곡선의 단계 순서로 알맞은 것은 어느 것인가?

㉮ 대수기 - 유도기 - 정지기 - 사멸기
㉯ 유도기 - 대수기 - 정지기 - 사멸기
㉰ 대수기 - 유도기 - 사멸기 - 정지기
㉱ 유도기 - 대수기 - 사멸기 - 정지기

18 세포증식에 관한 식(Monod)에 대한 설명으로 잘못된 것은 어느 것인가? (단, $\mu = \mu_{max} \times \frac{S}{Ks+S}$)

㉮ μ는 세포의 비증가율을 말하며, 단위는 g이다.
㉯ μ_{max}는 세포의 비증가율 최대치를 말한다.
㉰ S는 제한기질의 농도이며 단위는 g/L이다.
㉱ Ks는 $\mu = \frac{1}{2}\mu_{max}$ 일때의 제한기질의 농도를 말한다.

풀이 ㉮ μ는 세포의 비증가율을 말하며, 단위는 /hr이다.

정답 17 ㉯ 18 ㉮

Chapter 05

수질오염지표

01 용존산소(DO ; Dissolved Oxygen)

1. 용존산소(DO)의 특징

① 수온이 높을수록 기압이 낮을수록 용존산소량은 감소한다.
② 용존염류의 농도가 높을수록 용존산소량은 감소한다.
③ 현존 용존산소 농도가 낮을수록 산소전달률은 높아진다.
④ 같은 수온하에서는 해수보다 담수의 용존산소량이 높다.

2. 산소전달속도

$$\frac{dO}{dt} = \alpha \cdot K_{La} \times (\beta \cdot C_s - C)$$

$\frac{dO}{dt}$: 시간에 따른 용존산소농도 변화(mg/L · hr)
K_{La} : 산소전달계수(/hr)　　C_s : 포화산소농도(mg/L)
C : 물속의 용존산소농도(mg/L)　　α, β : 상수

① 기포가 작을수록 교반의 강도가 클수록 커진다.
② 수중의 용존산소 농도가 낮을수록 공기 중 산소분압이 클수록 커진다.

3. 담수의 DO(용존산소)가 해수의 DO(용존산소)보다 높은 이유는 염도가 낮기 때문이다.

Question 21

20℃의 하천수에 있어서 바람에 의한 DO 공급량이 0.02mgO$_2$/L · day이고 이 강은 항상 DO 농도가 5mg/L 이상 유지되어야 할 경우 이 강의 산소전달계수(hr^{-1})를 계산하시오. (단, α, β는 무시하며 포화 DO는 9.17mg/L이다.)

풀이 $\frac{dO}{dt} = K_{La} \times (C_s - C)$에서

$$K_{La} = \frac{dO/dt}{(C_s - C)} = \frac{0.02mg/L \cdot day \times 1day/24hr}{(9.17-5)mg/L} = 2.0 \times 10^{-4}/hr$$

4. 수질공학에서 DO(용존산소)의 중요성

① 수처리에서 생물학적 호기성 처리

② 포기조의 크기, 포기장치 결정

③ 수질의 자정능력 척도로 사용

02 생물화학적 산소요구량(BOD ; Biochemical Oxygen Demand)

호기성 미생물이 수중에서 유기물을 분해할 때 소비되는 산소량을 말한다.

1. 특 징

① 호기성 미생물에 의해 유기물이 산화분해 될 때 소비되는 산소량이다.

② 유기물이 완전히 분해 또는 안정화되는데 사용된 산소의 양을 최종 BOD라 한다.

③ 최종 BOD 측정은 보통 20일 정도 걸리나 BOD시험은 보통 5일 BOD로 한다.

④ 질소화합물의 산화를 보통 2단계 BOD라 하며 보통 8일부터 질산화가 이루어진다.

⑤ 시료를 20℃에서 5일간 저장하여 두었을 때 시료 중의 호기성 미생물의 증식과 호흡작용에 의하여 소비되는 용존산소의 양으로부터 측정한다.

2. BOD 곡선

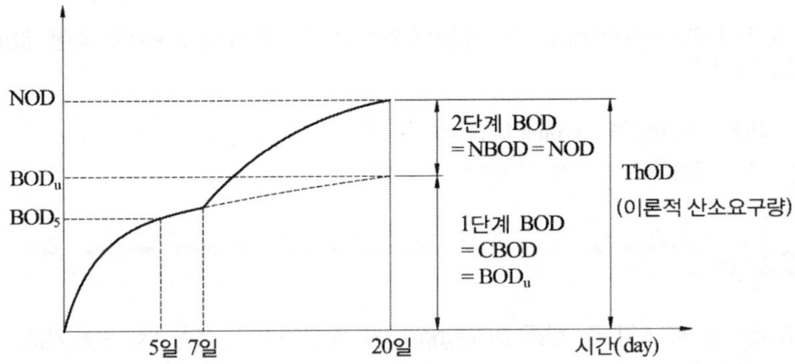

① 1단계 BOD = $BOD_u = BOD_{20} = BOD_5 \times K$ = BDCOD

$$K = \frac{BOD_u}{BOD_5} = \frac{100\%}{67\%} = 1.5$$

② 2단계 BOD = NBOD = NOD

☆☆☆ 3. BOD$_t$ 공식

① 소모공식, 밑수 10(또는 상용대수)
$BOD_t = BOD_u \times (1-10^{-k_1 \times t})$

② 소모공식, 밑수 e(또는 자연대수)
$BOD_t = BOD_u \times (1-e^{-k_1 \times t})$

③ 잔류공식, 밑수 10(또는 상용대수)
$BOD_t = BOD_u \times (10^{-k_1 \times t})$

④ 잔류공식, 밑수 e(또는 자연대수)
$BOD_t = BOD_u \times (e^{-k_1 \times t})$

BOD_t : t일 BOD(mg/L) BOD_u : 최종 BOD(mg/L)
k_1 : 탈산소계수(/day) t : 시간(day)

공식해설

㉠ ①식을 기본 공식으로 암기한다.
㉡ ②식은 ①식에서 밑수 10 → e로 바꾼다.
㉢ ③식은 잔류공식이므로 ①식에서 1－를 생략한다.
㉣ ④식은 잔류공식, 밑수가 e이므로 ①식에서 1－를 생략하고 10 → e로 바꾼다.
㉤ BOD_t에서 t는 t일을 의미하므로 5일 BOD를 구하는 문제에서는 BOD_5로, 3일 BOD를 구하는 문제에서는 BOD_3으로 나타내면 된다.

Question 22

도시하수의 최종 BOD가 100mg/L이고, 탈산소계수가 0.1/day(상용대수에 의한 값)라면 BOD_5(mg/L)를 계산하시오.

풀이 $BOD_5 = BOD_u \times (1-10^{-k_1 \times t}) = 100mg/L \times (1-10^{-0.1/day \times 5day}) = 68.38mg/L$

Question 23

BOD_u가 300mg/L일 때 5일 후 잔존 BOD(mg/L)를 계산하시오. (단, 1차 반응기준, 탈산소계수 K_1(자연대수)는 0.1/day)

풀이 $BOD_5 = BOD_u \times (e^{-k_1 \times t}) = 300mg/L \times (e^{-0.1/day \times 5day}) = 181.96mg/ L$

4. 질산화 과정

(1) 질산화 과정 반응식

① 단백질 → 아미노산(글리신 ; $C_2H_5O_2N$) →

$$NH_3\text{-}N \xrightarrow[\text{니트로조모나스}]{\text{1단계}} NO_2\text{-}N \xrightarrow[\text{니트로박터}]{\text{2단계}} NO_3\text{-}N$$

② 질산화 세균에 요구되는 산소량 = 질소 BOD = NOD

$$\text{1단계} : NH_3 + \frac{3}{2}O_2 \rightarrow NO_2 + H_2O + H^+$$

$$+ \quad \text{2단계} : NO_2 + \frac{1}{2}O_2 \rightarrow NO_3$$

$$NH_3 + 2O_2 \rightarrow NO_3 + H_2O + H^+$$

(2) 질산화 세균

1단계 세균 = 아질산균 : 니트로조모나스(Nitrosomonas)
2단계 세균 = 질산균 : 니트로박터(Nitrobacter)

(3) 질산화 과정에서 pH의 변화

생성물질 $[H^+]$의 농도 증가로 pH가 감소한다.

(4) 아질산화 반응의 특징

① 관련 미생물은 독립(자가) 영양계 세균(미생물)이다.
② NH_4^+-N 산화에 알칼리도 필요하다.
③ NH_4^+-N 산화에 O_2도 필요하다.
④ 증식속도는 0.21~1.08day^{-1} 범위 정도이다.

(5) 질산화 - 탈질화 반응

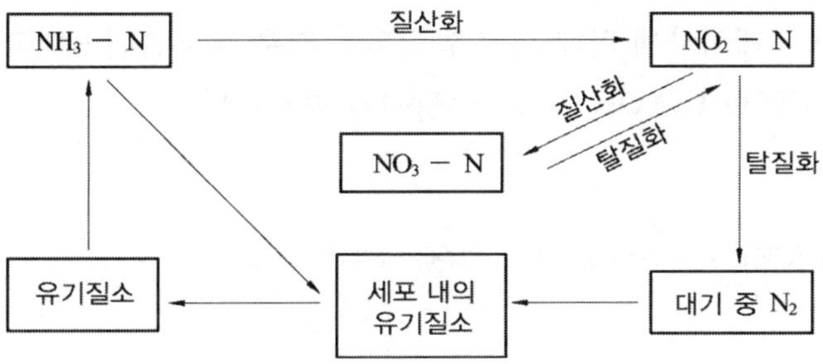

(6) 생물학적 질산화 공정의 특징

① 질산화반응에 참여하는 미생물은 산소(O_2)가 필요한 호기성미생물이며 독립(자가) 영양계 미생물이다.
② 질산화반응에는 O_2가 필요하다.
③ 암모니아성 질소의 질산화는 Nitrosomonas와 Nitrobacter 미생물이 관여하여 2단계로 진행된다.
④ 암모니아성 질소(NH_3-N)를 아질산성질소(NO_2-N)으로 전환시키는 1단계 반응에는 Nitrosomonas(니트로조모나스)가 관여한다.
⑤ 아질산성 질소(NO_2-N)을 질산성 질소(NO_3-N)으로 전환시키는 2단계 반응에는 Nitrobacter(니트로박터)가 관여한다.
⑥ 질산화반응은 호기성 폐수처리의 후기에 진행된다.
⑦ 질산화미생물은 유기탄소보다 무기탄소(CO_2)를 새로운 세포합성에 이용된다.
⑧ 질산화반응의 최적온도는 30℃이다.
⑨ 질산화공정에서는 (H^+)의 증가로 pH가 감소한다.
⑩ 질산화 미생물은 절대호기성이어서 높은 산소 농도를 요구한다.
⑪ Nitrobacter는 암모늄이온의 존재하에서 pH 9.5 이상이면 생장이 억제된다.
⑫ Nitrosonmonas는 알칼리성 상태에서는 활성이 크지만 pH 6.0 이하에서는 생장이 억제된다.

5. 탈질화 과정

(1) 생물학적 탈질화 공정의 특징

① 탈질화 공정은 주로 종속(타가) 영양계 미생물에 의해 발생된다.

② 탈질소 반응이 지체없이 진행되기 위해서는 적당한 수소공여체가 적당량으로 존재하여야 한다.

③ 탈질공정에서 일반적으로 탄소원 공급용으로 가해주는 화학약품은 메탄올(CH_3OH)이다.

④ NO_3^-가 박테리아에 의해 N_2로 환원되는 경우 질소환원 박테리아의 탄소공급원으로 제공된 CH_3OH 중 OH^-가 발생해 pH가 증가한다.

TIP

$$6NO_3^- + 5CH_3OH \rightarrow 3N_2 + 5CO_2 + 7H_2O + 6OH^-$$

⑤ 아질산이온, 질산이온 등이 질소가스로 변환되어 대기로 방출되는 공정이다.

⑥ 생물학적 탈질공정은 anoxic구역에서 Pseudomonas, Micrococcus 등에 의해서 이루어 진다.

⑦ 탈질화 공정에서 용존산소의 농도는 주요 변수이다.

TIP

미생물(Bacteria)합성 반응식

① 유기물(CHONS) + O_2+Nutriente → CO_2+NH_3 + $C_5H_7O_2N$(New Cell) + Final Products

② $4CO_2 + 2HCO_3 + NH_4^+ + H_2O \rightarrow C_5H_7O_2N + 5O_2$

③ $55NH_4^+ + 76O_2 + 109HCO_3^- \rightarrow C_5H_7O_2N + 54NO_2^- + 57H_2O + 104H_2CO_3$

TIP

미생물(Bacteria)의 분해 반응식

$C_5H_7O_2N + 5O_2 \rightarrow 5CO_2 + 2H_2O + NH_3$ + Energy

(2) 탈질반응(탈질 미생물)의 특징

① 탈질균 대부분은 통성혐기성균으로 호기, 혐기 어느 상태에서도 증식이 가능하다.

② 에너지원은 유기물이다.

③ 탈질시 DO 농도는 0mg/L에 가깝다.

④ 알칼리도는 NO_3^--N, NO_2^--N 환원에 따라 알칼리도가 생성된다.

⑤ 수소공여체는 NO_3^-, NO_2^-이다.

⑥ 최적 pH는 6~8 정도이다.

6. 시간변화에 대한 질소화합물의 그래프

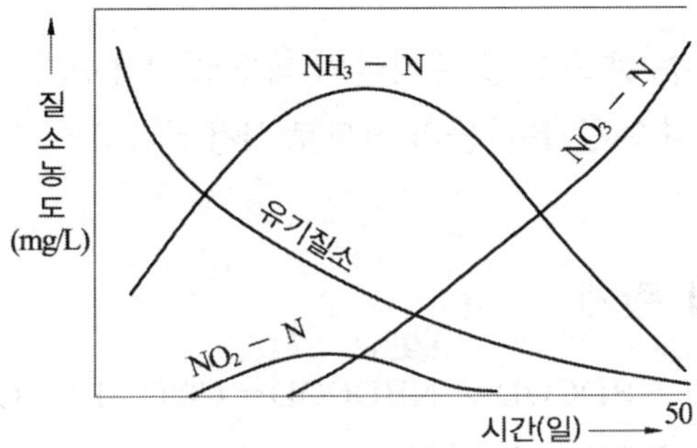

7. 철산화 박테리아

Sphaerotilus(스페로티러스), Crenothrix(크레노트릭스), Letothrix(레토트릭스), Ferrobacillus(페로바실러스)

8. 유황산화 박테리아

Beggiatoa(베기아토아), Thiobacillusr(티오바실러스), Thiooxidans(티오옥시던스), Thiotrix(티오트릭스)

9. 탈질세균

Micrococcus(마이크로코크스), Achromobacter(아크로모박터), Pseudomonas(수도모나스), Bacillus(바실러스)

03 화학적 산소요구량(COD ; Chemical Oxygen Demand)

수중의 오염물질을 화학적 산화제로 산화시킬 때 소비되는 산화제의 양을 산소의 양으로 환산한 것을 말한다.

① COD는 해수, 폐수, 호소수 중 유기물의 척도로 사용한다.

② BOD는 하천수, 하수 중 유기물의 척도로 사용된다.

1. COD와 BOD와의 관계

COD = BDCOD + NBDCOD ∴ NBDCOD = COD - BDCOD

BDCOD = BOD_u = 20일 BOD = 최종 BOD = $BOD_5 \times K$

COD = ICOD + SCOD

∴ COD = BDICOD + BDSCOD + NBDICOD + NBDSCOD

I : 비용해성(불용성)
S : 용해성
BD : 생물학적 분해 가능한
NBD : 생물학적 분해 불가능한

Question 24

BOD_5 = 300mg/L이고 COD = 600mg/L인 경우의 NBDCOD(mg/L)를 계산하시오. (단, 탈산소계수 k_1 = 0.2/day, 상용대수 기준)

풀이 COD = BDCOD + NBDCOD ∴ NBDCOD = COD - BDCOD(= BOD_u)

① $BOD_5 = BOD_u \times (1-10^{-k_1 \times t})$에서 $300mg/L = BOD_u \times (1-10^{-0.2/day \times 5day})$

∴ BOD_u = 333.33mg/L

② NBDCOD = COD - BDCOD = 600mg/L - 333.33mg/L = 266.67mg/L

2. NBDVSS(생물학적 분해 불가능한 휘발성 부유물질)

$$NBDVSS = VSS \times \frac{NBDICOD}{ICOD}$$

NBDVSS : 생물학적 분해 불가능한 휘발성 부유물질(mg/L)
VSS : 휘발성 부유물질(mg/L)
NBDICOD : 생물학적 분해 불가능한 불용성 COD(mg/L)
ICOD : 불용성 COD(mg/L)

Question 25

Glucose($C_6H_{12}O_6$) 300mg/L가 완전 산화하는데 필요한 이론적 산소요구량(mg/L)과 COD/TOC의 비를 계산하시오.

풀이 ① 이론적 산소요구량(ThOD) 계산

$C_6H_{12}O_6 + 6O_2 \rightarrow 6CO_2 + 6H_2O$

180g : 6×32g

300mg/L : x(ThOD) ∴ ThOD = 320mg/L

② $\frac{COD}{TOC} = \frac{\text{산소량}}{\text{유기물 중 탄소량}} = \frac{6\times 32g}{6\times 12g} = 2.67$

3. 산소요구량과 유기탄소량의 파라미터

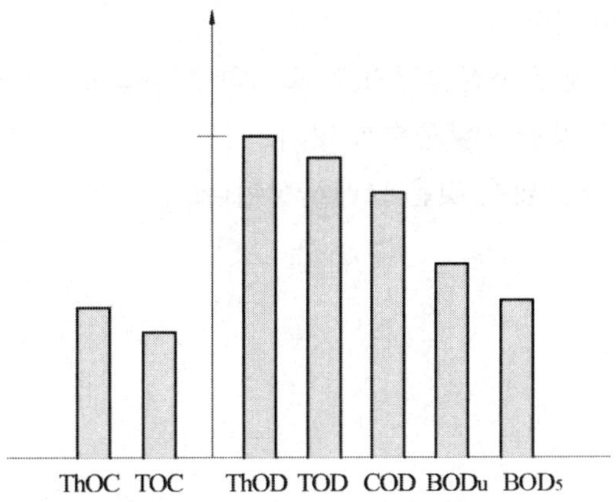

04 총유기탄소(TOC ; Total Organic Carbon)

① 수중의 유기물질을 함유한 시료를 고온에서 유기물질 중에서 탄소를 CO_2로 산화시켜 발생량을 분석장치로 측정한다.

② BOD 및 COD 분석시험보다 소요되는 시간을 단축할 수 있다.

③ 난분해성 물질에 대한 대응성이 높다.

④ 생물분해가 가능한 유기물의 정량화가 어렵다.

⑤ 실제값보다 약간 낮게 측정되는 경향이 있다.

05 산소요구량(OC ; Oxygen Consumption)

수중의 유기물, 다시 말해서 피산화성 물질에 의해 소비되는 산소의 양을 의미한다.

☆ 06 SOD(Sediment Oxygen Demand : 침전물 산소요구량)

① 정의 : 수중 침전물 표면에 존재하는 유기물이 호기성 미생물에 의해 분해되면서 침전물층 표면 위 수중에 존재하는 산소소비량이다.
② 단위는 $g/m^2 \cdot day$이다.
③ SOD 크기순서 : 섬유소질슬러지 > 도시하수 유입구 > 하구뻘 > 모래하상
④ SOD는 유기물의 함량이 낮을수록 낮다.
⑤ SOD의 수치가 가장 낮은 것은 모래하상이다.

실전연습문제

01 수(水) 중의 DO 농도 증감의 요인인 산소 용해율에 관한 내용으로 옳지 않은 것은?

㉮ 압력이 높을수록 산소용해율이 높다.
㉯ 물의 흐름이 난류일 때 산소용해율이 높다.
㉰ 염(분)의 농도가 높을수록 산소용해율은 감소한다.
㉱ 수온이 낮을수록 산소용해율은 감소한다.

풀이 ㉱ 수온이 낮을수록 산소용해율은 증가한다.

02 포기조의 현재 DO농도 3mg/L, MLSS의 DO포화농도 8mg/L, MLSS의 1L당 산소소비속도 40mg/L · hr이다. 이때의 산소이동계수(K_{La})는?

㉮ 11/hr ㉯ 5/hr
㉰ 8/hr ㉱ 10/hr

풀이 $r = K_{La} \times (C_s - C)$

- r : 산소소비속도(mg/L · hr)
- K_{La} : 산소이동계수(/hr)
- C_s : 포화 DO 농도(mg/L)
- C : 현재 DO 농도(mg/L)

따라서 $40mg/L \cdot hr = K_{La} \times (8-3)mg/L$

$$\therefore K_{La} = \frac{40mg/L \cdot hr}{(8-3)mg/L} = 8.0/hr$$

03 용존산소농도가 9.0mg/L인 물 100L가 있다면, 이 물의 용존산소를 완전히 제거하려 할 때 필요한 이론적 Na_2SO_3의 량(g)은 얼마인가? (단, Na의 원자량은 23이다.)

㉮ 약 6.3g ㉯ 약 7.1g
㉰ 약 9.2g ㉱ 약 11.4g

풀이 $Na_2SO_3 + 0.5O_2 \rightarrow Na_2SO_4$

126g : 0.5×32g

X : 9.0mg/L×100L

∴ X = 7087.5mg = 7.09g

04 물 $5m^3$의 DO가 9.0mg/L이다. 이 산소를 제거하는데 이론적으로 필요한 아황산나트륨(Na_2SO_3)의 양은? (단, 나트륨 원자량 : 23)

㉮ 약 355 g ㉯ 약 385 g
㉰ 약 402 g ㉱ 약 429 g

풀이 $Na_2SO_3 + 0.5O_2 \rightarrow Na_2SO_4$

126g : 0.5×32g

x : $9.0mg/L(g/m^3) \times 5m^3$

∴ x = 354.38g

정답 01 ㉱ 02 ㉰ 03 ㉯ 04 ㉮

05 다음과 같이 유기물을 처리한 후 하천으로 방류할 경우 BOD 배출 총량이 가장 많은 경우는? (단, 폐수의 BOD 농도는 1,000mg/L이며, 유량은 $10m^3$/day이다. 희석수의 BOD 농도는 1mg/L이다.)

㉮ BOD를 60% 제거한 후 희석하지 않고 하천으로 방류
㉯ BOD를 50% 제거한 후 희석수로 5배 희석하여 하천으로 방류
㉰ BOD를 40% 제거한 후 희석수로 10배 희석하여 하천으로 방류
㉱ BOD를 30% 제거한 후 희석수로 20배 희석하여 하천으로 방류

풀이 BOD 배출총량 = BOD농도(kg/m^3)×(1 − η) ×P(희석배수치)×유량(m^3/day)
㉮ $1kg/m^3 \times (1-0.6) \times 10m^3/day = 4kg/day$
㉯ $1kg/m^3 \times (1-0.5) \times 5 \times 10m^3/day = 25kg/day$
㉰ $1kg/m^3 \times (1-0.4) \times 10 \times 10m^3/day = 60kg/day$
㉱ $1kg/m^3 \times (1-0.3) \times 20 \times 10m^3/day = 140kg/day$

TIP
① ppm = mg/L = g/m^3이므로 $mg/L \times 10^{-3} = kg/m^3$
② $1000mg/L = 1000g/m^3 = 1kg/m^3$

06 어느 폐수의 BOD_u가 300mg/L, k_1값이 0.15/day라면 BOD_5는? (단, 상용대수 기준)

㉮ 270mg/L ㉯ 256mg/L
㉰ 247mg/L ㉱ 220mg/L

풀이 $BOD_5 = BOD_u \times (1-10^{-k_1 \times t})$
$= 300mg/L \times (1-10^{-0.15/day \times 5day})$
$= 246.65mg/L$

07 최종 BOD가 200mg/L, 탈산소계수(base는 자연대수 기준)가 $0.2day^{-1}$인 오수의 5일 소모 BOD(mg/L)는 얼마인가?

㉮ 약 126mg/L ㉯ 약 136mg/L
㉰ 약 146mg/L ㉱ 약 156mg/L

풀이 $BOD_5 = BOD_u \times (1-e^{-k_1 \times t})$
$= 200mg/L \times (1-e^{-0.2/day \times 5day})$
$= 126.42mg/L$

TIP
① 자연대수 ⇒ 밑수 e 사용
② 상용대수 ⇒ 밑수 10 사용

08 탈산소계수(k_1)가 0.2/day인 하천의 어떤 지점에서 BOD_u가 20mg/L이었다. 그 지점에서 5일 흐른 후의 잔존 BOD(mg/L)는 얼마인가? (단, 상용대수 적용)

㉮ 2mg/L ㉯ 4mg/L
㉰ 6mg/L ㉱ 8mg/L

풀이 잔존 BOD 공식을 이용한다.
$BOD_5 = BOD_u \times (10^{-k_1 \times t})$
$= 20mg/L \times (10^{-0.2/day \times 5day})$
$= 2mg/L$

정답 05 ㉱ 06 ㉰ 07 ㉮ 08 ㉮

09 시료의 BOD_5가 100mg/L이고 탈산소 계수값은 0.15/day(밑수는 10)이면 이 시료의 최종 BOD는?

㉮ 112mg/L　㉯ 122mg/L
㉰ 132mg/L　㉱ 142mg/L

풀이 $BOD_5 = BOD_u \times (1-10^{-k_1 \times t})$

- BOD_5 : 5일 BOD(mg/L)
- BOD_u : 최종 BOD(mg/L)
- k_1 : 탈산소 계수(/day)
- t : 시간(day)

따라서 $100mg/L = BOD_u \times (1-10^{-0.15/day \times 5day})$

$$\therefore BOD_u = \frac{100mg/L}{(1-10^{-0.15/day \times 5day})} = 121.63mg/L$$

10 BOD_5가 213mg/L인 하수의 9일 동안 소모된 BOD는? (단, 탈산소 계수는 0.14/day(상용대수 기준))

㉮ 233mg/L　㉯ 238mg/L
㉰ 242mg/L　㉱ 251mg/L

풀이 ① $BOD_5 = BOD_u \times (1-10^{-k_1 \times t})$

$213mg/L = BOD_u \times (1-10^{-0.14/day \times 5day})$

$$BOD_u = \frac{213mg/L}{(1-10^{-0.14/day \times 5day})} = 266.09mg/L$$

② $BOD_9 = BOD_u \times (1-10^{-k_1 \times t})$

$= 266.09mg/L \times (1-10^{-0.14/day \times 9day})$

$= 251.47mg/L$

11 어떤 폐수의 BOD_5가 100mg/L이고, 10을 밑수로 한 탈산소계수(K_1)가 0.1/day라 하면 BOD_3 및 BOD_u는 얼마인가?

㉮ BOD_3 : 64mg/L, BOD_u : 123mg/L
㉯ BOD_3 : 73mg/L, BOD_u : 126mg/L
㉰ BOD_3 : 64mg/L, BOD_u : 143mg/L
㉱ BOD_3 : 73mg/L, BOD_u : 146mg/L

풀이 ① BOD_5공식을 이용해 최종BOD(=BOD_u)를 계산한다.

$BOD_5 = BOD_u \times (1-10^{-k_1 \times t})$

$100mg/L = BOD_u \times (1-10^{-0.1/day \times 5day})$

$$\therefore BOD_u = \frac{100mg/L}{(1-10^{-0.1/day \times 5day})} = 146.25mg/L$$

② $BOD_3 = BOD_u \times (1-10^{-k_1 \times t})$

$= 146.25mg/L \times (1-10^{-0.1/day \times 3day})$

$= 72.95mg/L$

12 20℃ 5일 BOD가 50mg/L인 하수의 2일 BOD는? (단, 20℃, 탈산소계수 k = 0.23/day이고, 자연대수 기준)

㉮ 21mg/L　㉯ 24mg/L
㉰ 27mg/L　㉱ 29mg/L

풀이 ① $BOD_5 = BOD_u \times (1-e^{-k_1 \times t})$

$50mg/L = BOD_u \times (1-e^{-0.23/day \times 5day})$

$$\therefore BOD_u = \frac{50mg/L}{(1-e^{-0.23/day \times 5day})} = 73.17mg/L$$

② $BOD_2 = BOD_u \times (1-e^{-k_1 \times t})$

$= 73.17mg/L \times (1-e^{-0.23/day \times 2day})$

$= 26.98mg/L$

정답 09 ㉯ 10 ㉱ 11 ㉱ 12 ㉰

13 탈산소계수 K(상용대수)가 0.1/day인 어떤 폐수 5일 BOD가 500mg/L이라면 이 폐수의 3일 후에 남아있는 BOD는?

㉮ 366mg/L ㉯ 386mg/L
㉰ 416mg/L ㉱ 436mg/L

풀이 ① $BOD_5 = BOD_u \times (1-10^{-k_1 \times t})$

$500mg/L = BOD_u \times (1-10^{-0.1/day \times 5day})$

$$\therefore BOD_u = \frac{500mg/L}{1-10^{-0.1/day \times 5day}} = 731.24mg/L$$

② 3일 후 남아있는 BOD를 구한다.

$BOD_3 = BOD_u \times (10^{-k \times t})$

$= 731.24mg/L \times (10^{-0.1/day \times 3day})$

$= 366.49mg/L$

14 폭이 60m, 수심이 1.5m로 거의 일정한 하천에서 유량을 측정하였더니 18m³/sec이었다. 하류의 어떤 지점에서 측정한 BOD 농도가 17mg/L이었다면, 이로부터 상류 40km 지점의 BOD_u 농도는? (단, k_1 = 0.1/day(자연대수인 경우), 중간에는 지천이 없으며 기타 조건은 고려하지 않음)

㉮ 28.9mg/L ㉯ 25.2mg/L
㉰ 23.8mg/L ㉱ 21.4mg/L

풀이 ① 유량(Q) = 단면적(A)×유속(v)

$$\therefore v = \frac{Q}{A} = \frac{Q}{W \times H} = \frac{18m^3/sec}{60m \times 1.5m} = 0.2m/sec$$

② $$시간(t) = \frac{길이(L)}{유속(v)}$$

$$= \frac{40 \times 10^3 m}{0.2m/sec \times 3600sec/hr \times 24hr/day}$$

$= 2.315day$

③ $BOD_{2.315} = BOD_u \times e^{-k_1 \times t}$(잔류공식)

$17mg/L = BOD_u \times e^{(-0.1/day \times 2.315day)}$

$$\therefore BOD_u = \frac{17mg/L}{e^{(-0.1/day \times 2.315day)}} = 21.43mg/L$$

15 탈산소계수(base = 상용대수)가 0.12day⁻¹일 때 BOD_3/BOD_5의 값은?

㉮ 0.55 ㉯ 0.65
㉰ 0.75 ㉱ 0.85

풀이 BOD의 소모공식

$BOD_t = BOD_u \times (1-10^{-k_1 \times t})$

$$\therefore \frac{BOD_3}{BOD_5} = \frac{BOD_u \times (1-10^{-0.12/day \times 3day})}{BOD_u \times (1-10^{-0.12/day \times 5day})} = 0.75$$

16 최종 BOD(BOD_u)가 500mg/L이고, BOD_5가 400mg/L일 때 탈산소계수(base = 상용대수)는 얼마인가?

㉮ 0.12/day ㉯ 0.14/day
㉰ 0.16/day ㉱ 0.18/day

풀이 $BOD_5 = BOD_u \times (1-10^{-k_1 \times t})$

$400mg/L = 500mg/L \times (1-10^{-k_1 \times 5day})$

$$1-10^{-k_1 \times 5day} = \frac{400mg/L}{500mg/L}$$

$$10^{-k_1 \times 5day} = 1 - \frac{400mg/L}{500mg/L}$$

$$-k_1 \times 5day = \log\left(1 - \frac{400mg/L}{500mg/L}\right)$$

$$k_1 = \frac{\log\left(1 - \frac{400mg/L}{500mg/L}\right)}{-5day} = 0.14/day$$

TIP

10^x를 제거하기 위해 맞은변에 log를 취한다.
e^x를 제거하기 위해 맞은변에 ln을 취한다.

정답 13 ㉮ 14 ㉱ 15 ㉰ 16 ㉯

17 BOD_u/BOD_5의 비가 1.72인 경우의 탈산소계수(day^{-1})는? (단, base는 상용대수임.)

㉮ 0.056 ㉯ 0.066
㉰ 0.076 ㉱ 0.086

풀이 $BOD_5 = BOD_u \times (1-10^{-k_1 \times t})$

$$\frac{BOD_5}{BOD_u} = 1-10^{-k_1 \times t}$$

$$\frac{BOD_u}{BOD_5} = \frac{1}{(1-10^{-k_1 \times t})}$$

$$1.72 = \frac{1}{(1-10^{-k_1 \times 5day})}$$

$$\frac{1}{1.72} = 1-10^{-k_1 \times 5day}$$

$$10^{-k_1 \times 5day} = 1-\frac{1}{1.72}$$

$$-k_1 \times 5day = \log\left(1-\frac{1}{1.72}\right)$$

$$\therefore k_1 = \frac{\log\left(1-\frac{1}{1.72}\right)}{-5day} = 0.076$$

18 20℃에서 어떤 하천수의 최종 BOD 농도는 50mg/L이고, 5일 BOD 농도는 30mg/L이다. 하천수의 수온이 10℃일 때 하천수의 반응속도상수 k(탈산소계수)는? (단, 온도에 따른 보정상수는 1.047, 속도식은 상용대수를 기준으로 함.)

㉮ $0.03d^{-1}$ ㉯ $0.05d^{-1}$
㉰ $0.07d^{-1}$ ㉱ $0.09d^{-1}$

풀이 ① BOD_5 공식을 이용해 탈산소계수(k)를 계산한다.

$BOD_5 = BOD_u \times (1-10^{-k_1 \times t})$

$30mg/L = 50mg/L \times (1-10^{-k \times 5day})$

$$10^{-k \times 5day} = 1 - \frac{30mg/L}{50mg/L}$$

$$-k \times 5day = \log\left(1 - \frac{30mg/L}{50mg/L}\right)$$

$$\therefore k = \frac{\log\left(1 - \frac{30mg/L}{50mg/L}\right)}{-5day} = 0.08/day$$

② 20℃의 k를 10℃의 k로 전환한다.

$k(T) = k(20℃) \times 1.047^{(T-20)}$

$= 0.08/day \times 1.047^{(10-20)}$

$= 0.05/day$

19 어떤 하천수의 수온은 10℃이다. 20℃의 탈산소계수 k(상용대수)가 0.15/day일 때 [BOD_6/최종 BOD]비는? (단, $k_T = k_{20} \times 1.047^{(T-20)}$)

㉮ 0.53 ㉯ 0.63
㉰ 0.73 ㉱ 0.83

풀이 ① 20℃의 탈산소계수를 10℃의 탈산소계수로 전환한다.

$k_T = k_{20} \times 1.047^{(T-20)}$

$= 0.15/day \times 1.047^{(10-20)} = 0.09476/day$

② BOD_6 공식을 이용해 $\frac{BOD_6}{BOD_u}$를 계산한다.

$BOD_6 = BOD_u \times (1-10^{-k_1 \times t})$

$BOD_6 = BOD_u \times (1-10^{(-0.09476/day \times 6day)})$

$$\therefore \frac{BOD_6}{BOD_u} = (1-10^{(-0.09476/day \times 6day)}) = 0.73$$

정답 17 ㉰ 18 ㉯ 19 ㉰

20 Glucose($C_6H_{12}O_6$) 500mg/L 용액을 호기성 처리시 필요한 이론적인 인(P) 농도(mg/L)는 얼마인가? (단, BOD_5 : N : P = 100 : 5 : 1, k_1 = 0.1day^{-1}, 상용대수 기준, 완전분해 기준, BOD_u = COD)

㉮ 약 3.7mg/L　　㉯ 약 5.6mg/L
㉰ 약 8.5mg/L　　㉱ 약 12.8mg/L

풀이 ① $C_6H_{12}O_6$에서 최종 BOD(BOD_u) 계산
$C_6H_{12}O_6+6O_2 \rightarrow 6CO_2+6H_2O$
180g : 6×32g
500mg/L : X(BOD_u)
∴ X(BOD_u) = 533.33mg/L
② BOD_5 공식을 이용해 BOD_5 계산
$BOD_5 = BOD_u \times (1-10^{-k_1 \times t})$
$= 533.33mg/L \times (1-10^{-0.1/day \times 5day})$
$= 364.68mg/L$
③ 인(P)의 농도 계산
BOD_5 : P
100 : 1
364.68mg/L : X(P)
∴ X(P) = 3.65mg/L

21 BOD_5가 270mg/L이고, COD가 450mg/L인 경우, 탈산소계수(k_1)의 값이 0.1/day일 때, 생물학적으로 분해 불가능한 COD(mg/L)는 얼마인가? (단, BDCOD = BOD_u 이며, 상용대수 기준이다.)

㉮ 약 55mg/L　　㉯ 약 65mg/L
㉰ 약 75mg/L　　㉱ 약 85mg/L

풀이 ① 최종 BOD(BOD_u)를 계산한다.
$BOD_5 = BOD_u \times (1-10^{-k_1 \times t})$
따라서 $270mg/L = BOD_u \times (1-10^{-0.1/day \times 5day})$
∴ BOD_u = 394.868mg/L
② NBDCOD를 계산한다.
NBDCOD = COD-BDCOD
= 450mg/L-394.868mg/L
= 55.13mg/L

TIP
BDCOD = BOD_u

22 박테리아의 경험적인 화학적 분자식이 $C_5H_7O_2N$일 때 10g의 박테리아가 산화될 때 소모되는 이론적 산소량은? (단, 박테리아의 질소는 암모니아로 전환됨.)

㉮ 10.1g　　㉯ 12.4g
㉰ 14.2g　　㉱ 16.2g

풀이 $C_5H_7O_2N + 5O_2 \rightarrow 5CO_2 + 2H_2O + NH_3$
113g : 5×32g
10g : x(ThOD)
$\therefore x(ThOD) = \frac{10g \times 5 \times 32g}{113g} = 14.16g$

TIP
① 이론적인 산소요구량 = ThOD
② $C_5H_7O_2N$의 분자량
= (5×12)+(7×1)+(2×16)+14 = 113g

정답 20 ㉮　21 ㉮　22 ㉰

23 박테리아 10g/L의 이론적인 COD는? (단, 박테리아 경험식 적용, 반응생성물은 CO_2, H_2O, NH_3이다.)

㉮ 21.1 g/L ㉯ 18.4 g/L
㉰ 16.0 g/L ㉱ 14.2 g/L

풀이 $C_5H_7O_2N + 5O_2 \rightarrow 5CO_2 + 2H_2O + NH_3$
113g : 5×32g
10g/L : COD

$$\therefore COD = \frac{10g/L \times 5 \times 32g}{113g} = 14.16g/L$$

TIP

① 박테리아 = $C_5H_7O_2N$
② $C_5H_7O_2N$의 분자량
= (5×12)+(7×1)+(2×16)+14 = 113g
③ COD = 산소량

24 Formaldehyde(CH_2O) 1250mg/L의 이론적인 COD는?

㉮ 1263mg/L ㉯ 1333mg/L
㉰ 1423mg/L ㉱ 1594mg/L

풀이 $CH_2O + O_2 \rightarrow CO_2 + H_2O$
30g : 32g
1250mg/L : COD

$$\therefore COD = \frac{1250mg/L \times 32g}{30g} = 1333.33mg/L$$

TIP

① CH_2O의 분자량 = 12+(2×1)+16 = 30g
② O_2의 분자량 = 2×16 = 32g

25 페놀(C_6H_5OH) 100mg/L의 이론적인 COD(mg/L)는?

㉮ 약 240 ㉯ 약 280
㉰ 약 320 ㉱ 약 360

풀이 $C_6H_5OH + 7O_2 \rightarrow 6CO_2 + 3H_2O$
94g : 7×32g
100mg/L : X(COD)

$$\therefore X(COD) = \frac{7 \times 32g \times 100mg/L}{94g} = 238.30mg/L$$

26 미생물 세포를 $C_5H_7O_2N$이라고 하면 세포 5kg당의 이론적인 공기소모량은? (단, 완전산화 기준이며 분해 최종산물은 CO_2, H_2O, NH_3, 공기 중 산소는 23%(W/W)로 가정한다.)

㉮ 약 27kg air ㉯ 약 31kg air
㉰ 약 42kg air ㉱ 약 48kg air

풀이 ① $C_5H_7O_2N + 5O_2 \rightarrow 5CO_2 + 2H_2O + NH_3$
113g : 5×32g
5kg : X(산소량)

$$\therefore X(산소량) = \frac{5kg \times 5 \times 32g}{113g} = 7.08kg$$

② 산소량을 공기량으로 전환한다.

$$공기량(kg) = \frac{산소량(kg)}{0.23} = \frac{7.08kg}{0.23} = 30.78kg$$

정답 23 ㉱ 24 ㉯ 25 ㉮ 26 ㉯

27 Glucose 500mg/L가 완전 산화하는데 필요한 이론적 산소요구량은 얼마인가?

㉮ 533mg/L ㉯ 633mg/L
㉰ 733mg/L ㉱ 833mg/L

풀이 $C_6H_{12}O_6 + 6O_2 \rightarrow 6CO_2 + 6H_2O$
180g : 6×32g
500mg/L : X

$$\therefore X = \frac{6\times32g\times500mg/L}{180g} = 533.33mg/L$$

TIP

글루코스 = 포도당 = $C_6H_{12}O_6$

28 글루코스($C_6H_{12}O_6$)를 200mg/L 함유하고 있는 시료용액의 총유기 탄소의 이론치는?

㉮ 120mg/L ㉯ 100mg/L
㉰ 90mg/L ㉱ 80mg/L

풀이 $C_6H_{12}O_6 + 6O_2 \rightarrow 6CO_2 + 6H_2O$에서
$C_6H_{12}O_6$: 6C
180g : 6×12g
200mg/L : x

$$\therefore x = \frac{6\times12g\times200mg/L}{180g} = 80mg/L$$

29 글루코스($C_6H_{12}O_6$) 500mg/L를 혐기성 분해시킬 때 생산되는 이론적 메탄의 농도는?

㉮ 약 87mg/L ㉯ 약 114mg/L
㉰ 약 133mg/L ㉱ 약 157mg/L

풀이
$C_6H_{12}O_6 \xrightarrow{\text{혐기성분해}} 3CO_2 + 3CH_4$
180g : 3×16g
500mg/L : CH_4

$$\therefore CH_4 = \frac{500mg/L\times3\times16g}{180g} = 133.33mg/L$$

30 표준상태에서 45g의 포도당($C_6H_{12}O_6$)이 혐기성 분해시 이론적으로 발생 시킬 수 있는 CH_4 가스의 부피는?

㉮ 16.8L ㉯ 19.6L
㉰ 24.3L ㉱ 28.6L

풀이 $C_6H_{12}O_6 \rightarrow 3CO_2 + 3CH_4$
180g : 3×22.4L
45g : CH_4

$$\therefore CH_4 = \frac{45g\times3\times22.4L}{180g} = 16.8L$$

TIP

① 체적(L) = 계수×22.4(L)
② 중량(g) = 계수×분자량(g)
③ $C_6H_{12}O_6$ = 포도당 = 글루코스
④ $C_6H_{12}O_6$ 의 분자량
= (6×12)+(12×1)+(6×16) = 180g

정답 27 ㉮ 28 ㉱ 29 ㉰ 30 ㉮

31 호기성 박테리아($C_5H_7O_2N$)의 이론적 COD/TOC 비는? (단, 박테리아는 CO_2, NH_3, H_2O로 분해)

㉮ 0.83　　㉯ 1.42
㉰ 2.67　　㉱ 3.34

풀이 $C_5H_7O_2N+5O_2 \rightarrow 5CO_2+2H_2O+NH_3$

$$\frac{COD}{TOC}=\frac{\text{산소량}}{\text{유기물 중의 탄소량}}=\frac{5\times32g}{5\times12g}=2.67$$

32 Formaldehyde(CH_2O)의 COD/TOC의 비는 얼마인가?

㉮ 2.67　　㉯ 2.88
㉰ 3.37　　㉱ 3.65

풀이 $CH_2O+O_2 \rightarrow CO_2+H_2O$

$$\frac{\text{COD(산소량)}}{\text{TOC(유기물 중 탄소량)}}=\frac{1\times32g}{1\times12g}=2.67$$

33 개미산(HCOOH)의 ThOD/TOC의 비는?

㉮ 1.33　　㉯ 2.14
㉰ 2.67　　㉱ 3.19

풀이 $HCOOH+0.5O_2 \rightarrow CO_2+H_2O$

$$\frac{\text{ThOD(이론적산소요구량)}}{\text{TOC(총유기탄소량)}}=\frac{0.5\times32g}{1\times12g}=1.33$$

34 호기성 및 혐기성 세균에 의한 산화반응에서 생성되는 최종산물 중 공통적으로 발생하는 물질로 가장 적절한 것은?

㉮ 메탄　　㉯ 유기산
㉰ 황화수소　　㉱ 이산화탄소

풀이 호기성 및 혐기성 세균에 의한 산화반응에서 공통적으로 발생되는 최종산물은 CO_2이다.

35 다음 중 수중의 질소순환과정의 질산화 및 탈질의 순서를 옳게 표시한 것은?

㉮ $NH_3 \rightarrow NO_2^- \rightarrow NO_3^- \rightarrow N_2$
㉯ $NO_3^- \rightarrow NH_3 \rightarrow NO_2^- \rightarrow N_2$
㉰ $NO_3^- \rightarrow N_2 \rightarrow NH_3 \rightarrow NO_2^-$
㉱ $N_2 \rightarrow NH_3 \rightarrow NO_3^- \rightarrow NO_2^-$

TIP

① 질산화과정 : $NH_3-N \rightarrow NO_2-N \rightarrow NO_3-N$
② 탈질화과정 : $NO_3-N \rightarrow NO_2-N \rightarrow$ 대기중 N_2

36 다음의 질산화 과정에 주로 관계되는 질산화 미생물은 어느 것인가?

$$2NH_4^++3O_2 \rightarrow 2NO_2^-+4H^++2H_2O$$

㉮ Nitrosomonas　　㉯ Nitrobacter
㉰ Thiobacillus　　㉱ Leptothrix

풀이 아질산균인 니트로조모나스(Nitrosomonas)에 대한 설명이다.

정답 31 ㉰　32 ㉮　33 ㉮　34 ㉱　35 ㉮　36 ㉮

37 암모니아성 질소 42mg/L와 아질산성 질소 14mg/L가 포함된 폐수를 완전 질산화시키기 위한 산소요구량(mg/L)은 얼마인가?

㉮ 135mg/L ㉯ 174mg/L
㉰ 208mg/L ㉱ 232mg/L

풀이 ① $NH_3-N + 2O_2 \rightarrow HNO_3 + H_2O$

14g : 2×32g

42mg/L : X_1

$$\therefore X_1 = \frac{42mg/L \times 2 \times 32g}{14g} = 192mg/L$$

② $NO_2-N + 0.5O_2 \rightarrow NO_3-N$

14g : 0.5×32g

14mg/L : X_2

$$\therefore X_2 = \frac{14mg/L \times 0.5 \times 32g}{14g} = 16mg/L$$

③ 산소요구량 = $X_1 + X_2$

= 192mg/L+16mg/L = 208mg/L

38 탈질 미생물에 대한 내용으로 틀린 것은 어느 것인가?

㉮ 최적 pH는 6~8 정도이다.
㉯ 탈질균 대부분은 통성 혐기성균으로 호기, 혐기 어느 상태에서도 증식이 가능하다.
㉰ 유기물을 에너지원으로 한다.
㉱ 탈질시 알칼리도가 소모된다.

풀이 ㉱ 알칼리도는 NO_3^--N, NO_2^--N 환원에 따라 알칼리도가 생성된다.

39 탈질 미생물에 관한 설명으로 옳지 않은 것은?

㉮ 최적 pH는 6~8 정도이다.
㉯ 탈질균 대부분은 통성 혐기성균으로 호기, 혐기 어느 상태에서도 증식이 가능하다.
㉰ 에너지원은 유기물이 아닌 화학에너지를 사용한다.
㉱ 탈질시 알칼리도가 생성된다.

풀이 ㉰ 에너지원은 유기물이다.

TIP

탈질반응(탈질미생물)의 특징
① 탈질균 대부분은 통성혐기성균으로 호기, 혐기 어느 상태에서도 증식이 가능하다.
② 에너지원은 유기물이다.
③ 탈질시 DO농도는 0mg/L에 가깝다.
④ 알칼리도는 NO_3^--N, NO_2^--N 환원에 따라 알칼리도가 생성된다.
⑤ 수소공여체는 NO_3^-, NO_2^- 이다.
⑥ 최적 pH는 6~8 정도이다.

40 다음에 나타난 오수 미생물 중에서 유황화합물을 산화하여 균체 내 또는 균체 외에 유황입자를 축적하는 것은?

㉮ Zoogloea ㉯ Sphaerotilus
㉰ Beggiatoa ㉱ Crenothrix

풀이 유황산화 박테리아를 찾는 문제이다.

정답 37 ㉰ 38 ㉱ 39 ㉰ 40 ㉰

07 경도(Hardness)

경도는 물의 세기 정도를 말하며 2가 양이온 금속성 물질(Ca^{2+}, Mg^{2+}, Mn^{2+}, Fe^{2+}, Sr^{2+})의 양을 탄산칼슘($CaCO_3$)의 농도로 환산한 값(ppm = mg/L)이다.

1. 경도의 특징

① 경도에는 영구경도인 비탄산경도와 일시경도인 탄산경도가 있다.

② 탄산경도 성분은 물을 끓일 때 제거되므로 일시경도라 한다.

③ 비탄산경도 성분은 물을 끓여도 제거되지 않으므로 영구경도라 한다.

④ 일반적으로 칼슘이온과 마그네슘이온이 경도의 주원인이 된다.

⑤ 총경도 = 탄산경도(일시경도) + 비탄산경도(영구경도)

∴ 비탄산경도 = 총경도 − 탄산경도

㉠ 총경도 〉 Alk ⇒ Alk = 탄산경도

∴ 비탄산경도 = 총경도 − Alk

㉡ 총경도 〈 Alk ⇒ 총경도 = 탄산경도

∴ 비탄산경도 = 총경도 − 총경도 = 0

⑥ 농도가 낮은 경우에는 경도를 유발하지 않으나 농도가 높은 경우에 경도를 유발하는 물질을 가경도(유사경도) 유발물질이라 하며 금속이온 중 Na^+, K^+ 등이 있으며 대표적인 물질은 Na^+(나트륨이온)이다.

⑦ 경도값에 따른 물의 구분

㉠ 연수 : 경도 값이 0~75mg/L

㉡ 약한경수 : 경도 값이 75~150mg/L

㉢ 강한 경수 : 경도 값이 150~300mg/L

㉣ 아주 강한 경수 : 경도 값이 300mg/L 이상

TIP

① 탄산경도(일시경도) = 경도유발물질 + 알칼리도(AlK)유발물질
(Ca^{2+}, Mg^{2+}, Fe^{2+}, Mn^{2+}, Sr^{2+}) + OH^-, HCO_3^-, CO_3^{2-}

② 비탄산경도(영구경도) = 경도유발물질 + 산이온
(Ca^{2+}, Mg^{2+}, Fe^{2+}, Mn^{2+}, Sr^{2+}) + SO_4^{2-}, Cl^-, NO_3^-

2. 경도 계산식

$$\frac{\text{경도(mg/L)}}{50g} = \frac{Ca^{2+}mg/L}{20g} + \frac{Mg^{2+}mg/L}{12g} + \frac{Fe^{2+}mg/L}{28g} + \frac{Mn^{2+}mg/L}{27.5g} + \frac{Sr^{2+}mg/L}{43.8g}$$

Question 26

수질분석 결과 다음과 같다. 이 시료의 총경도(as $CaCO_3$)(mg/L)를 계산하시오. (단, Ca = 40, Mg = 24, Na = 23, S = 32이다.)

[수질분석결과]
- Ca^{2+} = 420mg/L
- Mg^{2+} = 58.4mg/L
- Na^{+} = 40.6mg/L
- SO_4^{2-} = 576mg/L

풀이 $\frac{\text{경도(mg/L)}}{50g} = \frac{Ca^{2+}mg/L}{20g} + \frac{Mg^{2+}mg/L}{12g} \Rightarrow \frac{\text{경도(mg/L)}}{50g} = \frac{420mg/L}{20g} + \frac{58.4mg/L}{12g}$

∴ 경도 = 1293.33mg/L

08 알칼리도(Alkalinity)

산을 중화할 수 있는 완충능력, 즉 수중에 존재하는 $[H^+]$을 중화시키기 위하여 반응할 수 있는 이온의 총량을 말한다.

1. 알칼리도(Alkalinity)의 특징

① P-Alk(P-알칼리도)는 처음 pH에서 pH 8.3까지 소요된 산의 양을 $CaCO_3$로 환산한 양을 말한다.
② P-Alk(P-알칼리도)를 측정할 때 사용하는 지시약은 페놀프탈레인이다.
③ 총알칼리도는 처음 pH에서 pH 4.5까지 소요된 산의 양을 $CaCO_3$로 환산한 양을 말한다.(M−알칼리도가 총알칼리도이다.)
④ 총알칼리도를 측정할 때 사용하는 지시약은 메틸 오렌지이다.
⑤ 자연수 중의 알칼리도 원인물질은 HCO_3^-, CO_3^{2-}, OH^-이다.
⑥ 유발물질 중 자연수의 경우 중탄산염(HCO_3^-)에 의한 알칼리도가 지배적이다.
⑦ 자연수의 알칼리도는 석회암 등의 지질에 의해 변할 수 있다.
⑧ 실용목적에서는 자연수에 있어서 수산화물, 탄산염, 중탄산염 이외, 기타 물질에 기인

되는 알칼리도는 중요하지 않다.

⑨ 알칼리도 자료는 부식제어가 관련되는 중요한 변수인 Langelier 포화지수 계산에 이용된다.

TIP

랑겔리어 포화지수(LI : Langelier Index)

① 정의 : 물이 pH 6.5~9.5 범위내에서 탄산칼슘($CaCO_3$)을 용해시킬 것인지 아니면 침전시킬 것인지 예측할 수 있는 일종의 지수로서 물의 안정도를 나타내기 위한 수단으로 사용

② • LI = 0 : 물의 안정도가 평형상태

• LI 〉 0 : LI가 양(+) 값이므로 과포화상태로 $CaCO_3$이 침전되어 퇴적

• LI 〈 0 : LI가 음(−)의 값이므로 불포화상태로 부식성을 갖는다.

2. 알칼리도(Alkalinity) 계산식

① 물속에 존재하는 이온의 농도가 주어질 때

$$\frac{Alk(mg/L)}{50g} = \frac{OH^-(mg/L)}{17g} + \frac{CO_3^{2-}(mg/L)}{60g/2} + \frac{HCO_3^-(mg/L)}{61g}$$

Question 27

어느 하수의 수질을 분석한 결과가 다음과 같다면 총알칼리도(mg/L as $CaCO_3$)를 계산하시오.

[pH : 10.0, CO_3^{2-} : 32.0mg/L, HCO_3^- : 56.0mg/L]

풀이 알칼리도(Alk) 계산식

$$\frac{Alkmg/L}{50g} = \frac{OH^-mg/L}{17g} + \frac{CO_3^{2-}mg/L}{60g/2} + \frac{HCO_3^-mg/L}{61g}$$

pH = 10.0 ⇒ pOH = 14 - pH = 14 - 10.0 = 4 ∴ $[OH^-] = 10^{-4}$moL/L

따라서 $OH^-\,mg/L = \frac{10^{-4}moL}{L}\left|\frac{17g}{1moL}\right|\frac{10^3mg}{1g} = 1.7mg/L$

따라서 $\frac{Alkmg/L}{50g} = \frac{1.7mg/L}{17g} + \frac{32.0mg/L}{60g/2} + \frac{56.0mg/L}{61g}$ ∴ Alk = 104.23mg/L

② 적정법에 의한 계산공식

$$\text{알칼리도}(mg/L\ as\ CaCO_3) = \frac{A \times N \times 50,000}{V} = A \times N \times f \times \frac{1000}{V} \times 50$$

A : 주입된 산의 부피(mL) N : 주입된 산의 N농도
V : 시료의 부피(mL) 50,000(mg) : $CaCO_3$ 당량

Question 28

페놀프탈레인 지시약을 넣은 시료 100mL에 $\frac{1}{20}$ N H_2SO_4로 pH 8.3까지 적정하였더니 4.5mL가 소요되었다. 이때 P-알칼리도를 계산하시오. (단, 펙터(f)는 1.0이다.)

풀이

$$P-알칼리도 = \frac{A \times N \times 50,000}{V} = \frac{4.5mL \times \frac{1}{20}N \times 50,000}{100mL} = 112.5mg/L\ as\ CaCO_3$$

3. pH와 알칼리도

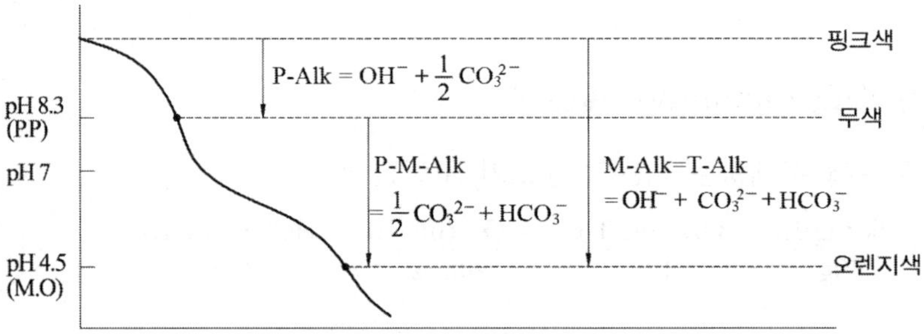

(1) P-AIK

① 페놀프탈레인 종말점까지 측정한 알칼리도이다.

② pH 8.3까지 낮추는데 소모된 산의 양을 이에 대응하는 $CaCO_3$ ppm으로 환산한 값이다.

③ $P-Alk = OH^- + \frac{1}{2} CO_3^{2-}$

(2) 총알칼리도(T-Alk) = M-Alk

① pH 4.5까지 낮추는데 주입된 산의 양을 이에 대응하는 $CaCO_3$ ppm으로 환산한 값

② $T\text{-}AlK = M\text{-}AlK = OH^- + CO_3^{2-} + HCO_3^-$

(3) 알칼리도 = $\frac{A \times N \times 50,000}{V}$ (mg/L) 또는 $A \times N \times f \times \frac{1,000}{V} \times 50$

4. pH와 알칼리도 유발물질의 관계

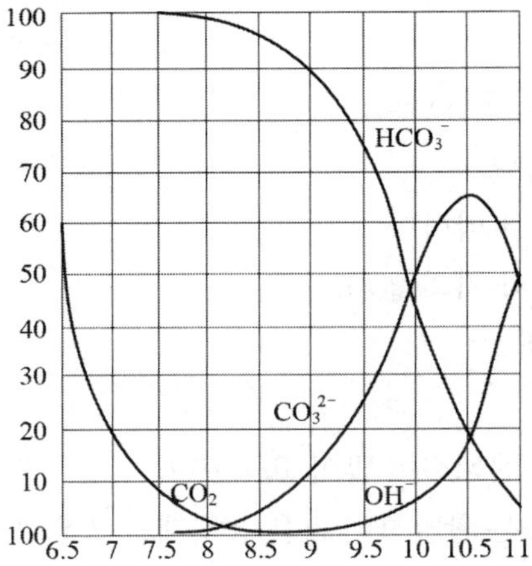

자연수 중의 알칼리도는 주로 중탄산염의 형태로 존재한다.

09 부유물질(SS ; Suspended Solids)

1. 구 분

① 부유물질(SS) : 직경이 0.1μm 이상의 입자

② 용존물질(DS) : 직경이 0.001μm 이하의 입자

③ 콜로이드(Colloid) 물질 : 직경이 0.001~0.1μm 입자

★★★★ 2. 고형물의 상호관계식

TS	=	VS	+	FS
‖		‖		‖
TSS	=	VSS	+	FSS
+		+		+
TDS	=	VDS	+	FDS

TS : 총고형물
FS : 잔류고형물
VSS : 휘발성부유고형물
TDS : 총용존고형물
FDS : 잔류용존고형물

VS : 휘발성 고형물
TSS : 총부유고형물
FSS : 잔류부유고형물
VDS : 휘발성용존고형물

3. 콜로이드성 물질의 종류

(1) 친수성 콜로이드

① 유탁상태(에멀젼)로 존재한다.
② 염에 민감하지 못하다.
③ 표면장력이 용매보다 약하다.
④ 틴달효과가 약하거나 거의 없다.
⑤ 물과 쉽게 반응한다.
⑥ 재생이 용이하다.
⑦ 반응이 비활발하며 전해질이 많이 요구된다.
⑧ 전해질에 대한 반응은 활발하며 많은 응집제를 필요로 한다.
⑨ 수막 또는 수화수를 형성시킨다.
⑩ 매우 큰 분자 또는 이온상태로 존재한다.
⑪ 점도를 증가시킨다.

(2) 소수성 콜로이드

① 현탁질(Suspensoid) 상태이다.
② 염에 매우 민감하다.
③ 표면장력이 용매와 비슷하다.
④ 틴달효과가 크다.
⑤ 물과 반발하는 성질이 있다.
⑥ 재생이 어렵다.
⑦ pH가 낮으면 양전하 콜로이드가 많아진다.
⑧ 소량의 응집제로 쉽게 응집침전시킨다.
⑨ 점도는 분산매와 비슷하다.

(3) 소수성 콜로이드 입자가 전기를 띠고 있는 것을 조사하는 실험

전해질을 소량 넣고 응집을 조사한다.

4. 응집의 화학적 반응기작(메카니즘)

① 이중층의 압축(double layer compression) 강화
② 체거름(enmeshment)

③ 입자간의 가교작용(interparticle bridging)
④ 제타전위(콜로이드 전단면에서의 정전기적 전위, 콜로이드 반발력을 나타내는 지표)
의 감소
⑤ 침전물에 의한 포착
⑥ 전하의 중화

5. 전기침투현상

만약 콜로이드 물질이 고정되어 갇혀있을 경우에 직류전위를 응용하면 입자가 보통 움직이는 방향과는 반대 방향으로 액체가 흐르게 된다. 이 현상을 전기침투현상이라고 하며 슬러지 탈수에 응용되고 있다.

6. 콜로이드 용액의 일반적인 특성

① 광선을 통과시키면 입자가 빛을 산란하여 진로를 볼 수 있게 된다.
② 콜로이드 입자가 분산매 및 다른 입자와 충돌하여 불규칙한 운동을 하게 된다.
③ 콜로이드 입자는 질량에 비해서 표면적이 크므로 용액 속에 있는 다른 입자를 흡착하는 힘이 크다.
④ 콜로이드 용액에서는 콜로이드 입자 전부가 양이온 또는 음이온을 띠고 있다.

7. 콜로이드의 안정을 도모하기 위하여 입자를 분산상태로 유지하는 힘

① 중력
② 반데르발스힘(Vander waals)
③ 제타포텐셜(Zeta potential)

8. 콜로이드의 안정도

① 일반적으로 Zeta 전위의 크기에 따라 결정된다.
② Zeta 전위가 0에 가까워질수록 응결이 쉽게 일어난다.
③ Zeta 전위$(\delta) = \dfrac{4\pi LQ}{D}$

L : 전하량의 차가 유효한 입자를 둘러싼 층의 두께
Q : 입자와 용액부 사이의 전하량의 차
D : 매질의 유전상수

9. 응 집

① 응집제를 가해주는 목적은 콜로이드의 반발력을 감소시키고자 함이며 콜로이드 입자의 제타전위는 0이고 이중층이 존재하지 않는 등전점까지 pH를 조정함으로써 감소된다.

② 제타전위는 반대전하의 이온이나 콜로이드를 가해주면 감소된다.

③ 반대전하의 2가 이온은 1가 이온보다 적어도 50배, 그리고 3가 이온은 1000배나 더 효과적이다.

④ 친수성 콜로이드의 부착수는 고농도인 염류에 의해 감소되어 염석효과를 일으키며 염석의 효과도는 양이온 보다는 음이온의 성질에 의존한다.

10. 콜로이드 물질 처리 방법

① 메카니즘 : 콜로이드 + 응집제 + 알칼리도 유발물질 → 플록형성 + 기타 부산물

$Al_2(SO_4)_3 \cdot 18H_2O + 3Ca(HCO_3)_2 \rightarrow 3CaSO_4 + 2Al(OH)_3 + 6CO_2 + 18H_2O$

(액체상태) (용해상태) (침전물)

② 응결과 응집

응집제 투입(Al^{3+}) $\xrightarrow[\text{150rpm(2분 정도)}]{\text{급속교반 (혼화목적)}}$ 전기적중화/응결 $\xrightarrow[\text{50rpm(20분 정도)}]{\text{완속교반(플록형성)}}$

거대 floc형성 → 처리

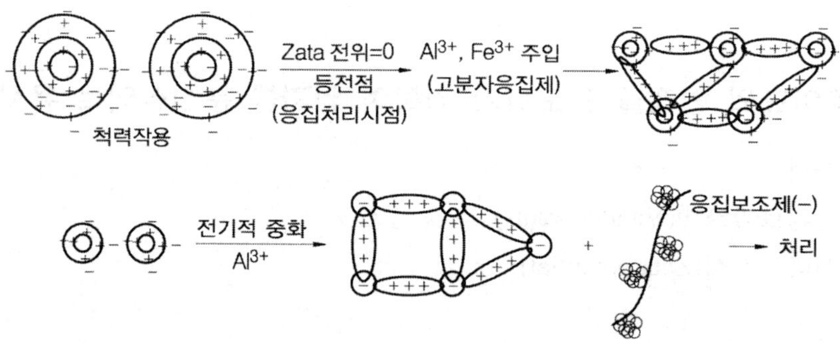

③ 등전점

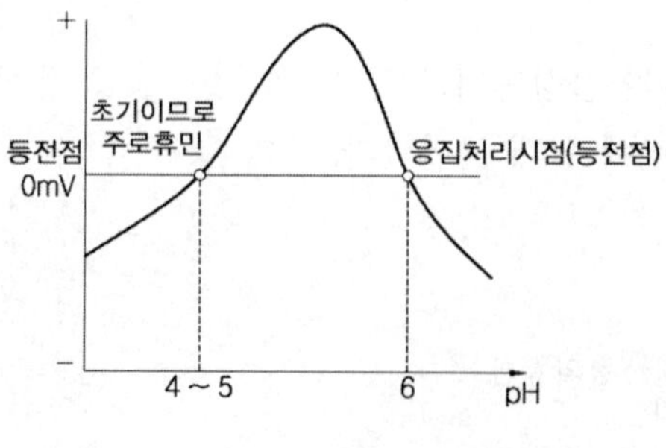

등전점

콜로이드입자의 전하가 0이 되는 pH(pH 6정도)에 이르면 침전이 되기 시작하는데 이점을 등전점이라 한다.

실전연습문제

01 다음 중 가경도(pseudo hardness) 유발 물질로 가장 대표적인 것은 어느 것인가?

㉮ 칼슘　　㉯ 염소
㉰ 나트륨　　㉱ 철

풀이 가경도 유발물질의 대표적인 것은 나트륨(Na^+)이다

02 수질분석 결과, 양이온이 Ca^{2+}40mg/L, Na^+46mg/L, Mg^{2+}48mg/L이라면 이 물의 총경도는?

㉮ 150mg/L as $CaCO_3$
㉯ 200mg/L as $CaCO_3$
㉰ 250mg/L as $CaCO_3$
㉱ 300mg/L as $CaCO_3$

풀이 $\frac{\text{총경도(mg/L)}}{50\text{g}} = \frac{Ca^{2+}\text{mg/L}}{20\text{g}} + \frac{Mg^{2+}\text{mg/L}}{12\text{g}}$

$\frac{\text{총경도(mg/L)}}{50\text{g}} = \frac{40\text{mg/L}}{20\text{g}} + \frac{48\text{mg/L}}{12\text{g}}$

∴ 총경도 = 300mg/L as $CaCO_3$

TIP

$\frac{\text{총경도(mg/L)}}{50\text{g}}$

$= \frac{Ca^{2+}\text{mg/L}}{20\text{g}} + \frac{Mg^{2+}\text{mg/L}}{12\text{g}} + \frac{Fe^{2+}\text{mg/L}}{28\text{g}} + \frac{Mn^{2+}\text{mg/L}}{27.5\text{mg}} + \frac{Sr^{2+}\text{mg/L}}{43.8\text{g}}$

03 A시료의 수질분석 결과가 다음과 같을 때 이 시료의 총경도(mg/L)는 얼마인가?

Ca^{2+} : 420mg/L, Mg^{2+} : 58.4mg/L,
Na^+ : 40.6mg/L, HCO_3^- : 841.8mg/L
Cl^- : 1.79mg/L

㉮ 525mg/L as $CaCO_3$
㉯ 646mg/L as $CaCO_3$
㉰ 1,050 mg/L as $CaCO_3$
㉱ 1,293mg/L as $CaCO_3$

풀이 $\frac{\text{총경도(mg/L)}}{50\text{g}} = \frac{Ca^{2+}\text{mg/L}}{20\text{g}} + \frac{Mg^{2+}\text{mg/L}}{12\text{g}}$

$= \frac{420\text{mg/L}}{20\text{g}} + \frac{58.4\text{mg/L}}{12\text{g}}$

∴ 총경도 = 1,293.33mg/L as $CaCO_3$

04 Ca^{2+} 이온의 농도가 450mg/L인 물의 환산경도는 얼마인가? (단, Ca : 40)

㉮ 1,125 mg $CaCO_3$/L
㉯ 1,250 mg $CaCO_3$/L
㉰ 1,350 mg $CaCO_3$/L
㉱ 1,450 mg $CaCO_3$/L

풀이 $\frac{\text{경도(mg/L)}}{50\text{g}} = \frac{Ca^{2+}\text{mg/L}}{20\text{g}} = \frac{450\text{mg/L}}{20\text{g}}$

∴ 경도 = 1,125mg/L

정답 01 ㉰　02 ㉱　03 ㉱　04 ㉮

05 마그네슘 경도 200mg/L as $CaCO_3$를 Mg^{2+}의 농도로 환산하면 얼마인가? (단, Mg 원자량 : 24)

㉮ 48mg/L ㉯ 72mg/L
㉰ 96mg/L ㉱ 120mg/L

풀이
$$\frac{\text{경도(mg/L)}}{50g} = \frac{Mg^{2+}(mg/L)}{12g}$$
$$\frac{200mg/L}{50g} = \frac{Mg^{2+}(mg/L)}{12g}$$
$$\therefore Mg^{2+}(mg/L) = \frac{200mg/L \times 12g}{50g} = 48mg/L$$

06 친수성 콜로이드에 관한 설명으로 틀린 것은 어느 것인가?

㉮ 물속에서 현탁상태(suspension)로 존재한다.
㉯ 염에 대하여 큰 영향을 받지 않는다.
㉰ 단백질, 합성된 고단위 중합체 등이 해당된다.
㉱ 틴달효과가 약하거나 거의 없다.

풀이 ㉮ 물속에서 유탁상태(에멀젼)로 존재한다.

07 친수성 콜로이드(Colloid)의 특성에 관한 설명으로 옳지 않은 것은?

㉮ 염(鹽)에 대하여 큰 영향을 받지 않는다.
㉯ 틴달효과가 현저하고 점도는 분산매 보다 작다.
㉰ 다량의 염을 첨가하여야 응결 침전된다.
㉱ 존재 형태는 유탁(에멀젼) 상태이다.

풀이 ㉯ 틴달효과가 약하거나 거의 없다.

08 친수성 콜로이드에 관한 설명으로 옳지 않은 것은?

㉮ 틴들(Tyndall)효과가 현저하다.
㉯ 물리적 상태가 유탁질이다.
㉰ 다량의 염을 첨가하여야 응결 침전된다.
㉱ 매우 큰 분자 또는 이온상태로 존재한다.

풀이 ㉮ 틴들(Tyndall)효과가 약하거나 거의 없다.

09 친수성 콜로이드의 특성으로 틀린 것은 어느 것인가?

㉮ 표면장력은 분산매 보다 상당히 작다.
㉯ 에멀젼 상태이다.
㉰ 틴달효과가 적거나 전무하다.
㉱ 점도는 분산매와 큰 차이가 없다.

풀이 ㉱ 점도는 분산매와 큰 차이가 있다.

10 소수성 colloid에 관한 설명으로 옳지 않은 것은?

㉮ 물과 반발하는 성질을 가지고 있다.
㉯ 물속에 현탁상태로 존재한다.
㉰ 매우 작은 입자로 존재한다.
㉱ 염에 대하여 큰 영향을 받지 않는다.

풀이 ㉱ 염에 매우 민감하다.

정답 05 ㉮ 06 ㉮ 07 ㉯ 08 ㉮ 09 ㉱ 10 ㉱

11 소수성 콜로이드에 관한 설명으로 옳지 않는 것은?

㉮ Suspension 상태이다.
㉯ 염에 매우 민감하다.
㉰ 물과 반발하는 성질을 가지고 있다.
㉱ 틴달효과가 약하거나 거의 없다.

풀이 ㉱ 틴달효과가 크다.

12 소수성 콜로이드 입자가 전기를 띠고 있는 것을 조사하고자 할 때 다음 실험 중 가장 적합한 것은?

㉮ 전해질을 소량 넣고 응집을 조사한다.
㉯ 콜로이드 용액의 삼투압을 조사한다.
㉰ 한외현미경으로 입자의 Brown 운동을 관찰한다.
㉱ 콜로이드 입자에 강한 빛을 조사하여 틴달현상을 조사한다.

13 콜로이드에 관한 설명으로 틀린 것은?

㉮ 콜로이드는 입자 크기가 크기 때문에 보통의 반투막을 통과하지 못한다.
㉯ 콜로이드 입자들이 전기장에 놓이게 되면 입자들은 그 전하의 반대쪽 극으로 이동하며 이러한 현상을 전기영동이라 한다.
㉰ 일부 콜로이드 입자들의 크기는 가시광선 평균 파장 보다 크기 때문에 빛의 투과를 간섭한다.
㉱ 콜로이드의 안정도는 척력과 중력의 차이에 의해 결정된다.

풀이 ㉱ 콜로이드의 안정도는 제타전위의 크기에 따라 결정된다.

14 다음의 콜로이드에 관한 설명 중 옳지 않은 것은?

㉮ 콜로이드 입자들은 대단히 작아서 질량에 비해 표면적이 아주 크다.
㉯ 콜로이드 입자의 질량은 아주 작아서 중력의 영향은 중요하지 않다.
㉰ 콜로이드 입자들은 모두 전하를 띠고 있다.
㉱ 콜로이드를 제거하기 위해서는 콜로이드의 안정성을 증가시켜야 한다.

풀이 ㉱ 콜로이드를 제거하기 위해서는 콜로이드의 안정성을 감소시켜야 한다.

정답 11 ㉱ 12 ㉮ 13 ㉱ 14 ㉱

Chapter 06 하천수의 수질관리

01 하천의 자정작용

① 생물학적 자정작용인 혐기성 분해는 중간 화합물이 휘발성이므로 유해한 경우가 많으며 호기성 분해에 비하여 장시간이 요구된다.

★★ ② 자정 작용 중 가장 큰 비중을 차지하는 것은 생물학적 작용이라 할 수 있다.

③ 화학적 자정작용인 응집작용은 흡수된 산소에 의해 오염물질이 분해될 때 발생되는 탄산가스가 물의 pH를 증가시켜 수산화물의 생성을 촉진시키므로 용해되어 있는 철이나 망간 등을 침전시킨다.

④ 물리적 자정작용인 확산작용은 분자확산과 난류확산이 있으며 하천에서는 난류확산이 주를 이룬다.

⑤ 일반적으로 겨울보다는 여름에 자정작용이 크다.

⑥ 생물학적 자정작용은 미생물에 의한 유기물 분해작용과 광합성 작용으로 구분할 수 있다.

★★★ TIP

하천의 혼합지점에서 농도 계산식

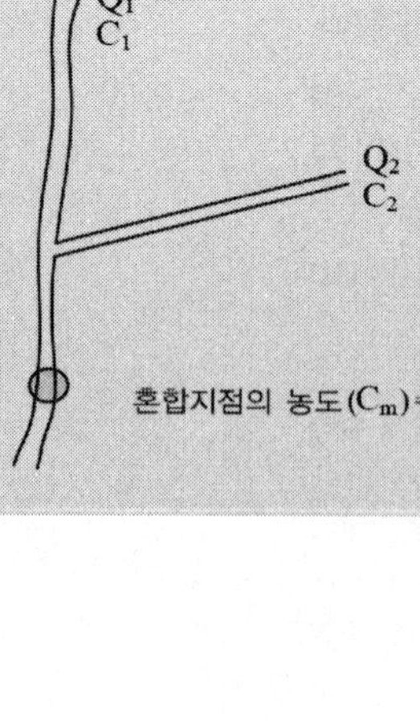

혼합지점의 농도$(C_m) = \frac{Q_1C_1+Q_2C_2}{Q_1+Q_2}$

02 자정계수(f)의 특징

① 자정계수는 $\frac{\text{재폭기 계수}(k_2)}{\text{탈산소 계수}(k_1)}$ 이다.

② 자정계수의 단위는 없다.

③ 유속이 빨라지면 자정계수는 커진다.

④ 구배가 크면 자정계수는 커진다.

⑤ 수심이 얕을수록 자정계수는 커진다.

⑥ 온도가 높아지면 자정계수는 낮아진다.

⑦ 자정계수 순서는 폭포 > 유속이 빠른 하천 > 완만한 하천 > 조그만 연못 순서이다.

⑧ 유기물질의 구조가 간단할수록 탈산소계수는 증가한다.

TIP

온도가 증가함에 따라 k_1, k_2가 모두 증가하지만 k_1 증가율이 더욱 커져 자정계수(f)는 감소한다.

2. 재폭기(Reaeration) 계수(k_2)

① 유속이 클수록 커진다.

② 수심이 얕을수록 커진다.

③ 재폭기계수가 커지면 자정계수는 커진다.

④ 경사가 급할수록 커진다.

⑤ 하상이 거칠수록 커진다.

⑥ 수온이 높을수록 커진다.

⑦ 교란이 있을수록 커진다.

3. 온도 보정식

① $k_1(T) = k_1(20) \times 1.047^{(T-20)}$

② $k_2(T) = k_2(20) \times 1.018^{(T-20)}$

$k_1(20)$: 20℃에서의 탈산소계수(/day)
$k_2(20)$: 20℃에서의 재폭기계수(/day)
$k_1(T)$: T℃에서의 탈산소계수(/day)
$k_2(T)$: T℃에서의 재폭기계수(/day)

Question 29

A 하천의 탈산소계수를 조사한 결과 20℃에서 0.19/day이었다. 하천수의 온도가 25℃로 증가되었다면 탈산소계수(/day)를 계산하시오. (단, 온도보정계수는 1.047이다.)

풀이 $k_{(T)} = k_{1(20℃)} \times 1.047^{(T-20)} = 0.19/day \times 1.047^{(25-20)} = 0.24/day$

03 용존산소(DO)

1. 용존산소 곡선(DO sag curve)

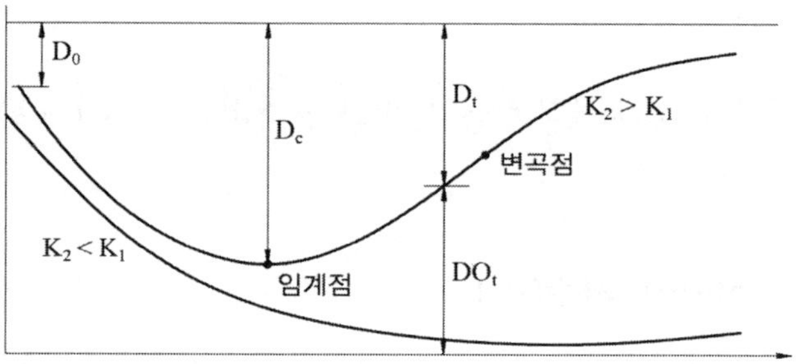

- Dc : 임계점에서 산소부족량(mg/L)
- DO_t : t시간에서 용존산소농도(mg/L)
- k_2 : 재포기계수(/day)
- D_t : t시간에서 용존산소 부족량(mg/L)
- D_0 : 초기 산소부족량(mg/L)
- k_1 : 탈산소계수(/day)

2. 산소부족농도

★★★ $$D_t(\text{산소부족농도}) = \frac{k_1 \times L_o}{k_2 - k_1} \times (10^{-k_1 \times t} - 10^{-k_2 \times t}) + D_o \times (10^{-k_2 \times t})$$

- k_1 : 탈산소계수(/day)
- L_o : 최종 BOD(= BOD_u)(mg/L)
- D_o = Cs(포화 DO농도) - C(혼합수중 DO농도)
- t : 시간(day) = $\frac{\text{거리(m)}}{\text{유속(m/day)}}$
- k_2 : 재폭기계수(/day)
- D_o : 초기산소부족량(mg/L)

Question 30

산소의 포화농도가 9mg/L인 하천에서 처음의 DO 농도가 6mg/L라면 물이 3일 유하한 후의 하류에서의 DO 부족량(mg/L)을 계산하시오. (단, 최종 BOD = 10mg/L이며, k_1과 k_2는 각각 0.1/day과 0.2/day, 밑수는 상용대수이다.)

풀이 $D_t(\text{산소부족농도}) = \frac{k_1 \times L_o}{k_2 - k_1} \times (10^{-k_1 \times t} - 10^{-k_2 \times t}) + D_o \times (10^{-k_2 \times t})$

$= \frac{0.1/\text{day} \times 10\text{mg/L}}{0.2/\text{day} - 0.1/\text{day}} \times (10^{-0.1/\text{day} \times 3\text{day}} - 10^{-0.2/\text{day} \times 3\text{day}}) + 3\text{mg/L} \times 10^{-0.2/\text{day} \times 3\text{day}} = 3.25\text{mg/L}$

3. 임계시간(t_c) 및 임계부족량(D_c)

① $\text{임계시간}(t_c) = \frac{1}{k_2 - k_1} \log\left\{\frac{k_2}{k_1}\left(1 - \frac{D_o(k_2 - k_1)}{L_o k_1}\right)\right\}$

★★★ $t_c = \frac{1}{k_1(f-1)} \log\left\{f\left(1 - (f-1)\frac{D_o}{L_o}\right)\right\}$

여기서 $\text{자정계수}(f) = \frac{k_2(\text{재폭기계수})}{k_1(\text{탈산소계수})}$

② $\text{임계부족량}(D_c) = \frac{L_o}{f} 10^{-k_1 \cdot t}$

- f : 자정계수
- L_o : 최종 BOD(mg/L)
- D_o : 초기 산소 부족량(mg/L)
- L_c : t_c시점에서의 BOD(mg/L)

Question 31

어느 하천의 DO가 8mg/L, BOD_u는 20mg/L이었다. 이때 용존산소곡선(DO Sag Curve)에서의 임계점에 도달하는 시간(day)을 계산하시오. (단, 온도는 20℃, DO 포화농도는 9.2mg/L, k_1 = 0.1/day, k_2 = 0.2/day이다.)

풀이 $t_c = \frac{1}{k_1(f-1)} \log\left\{f\left(1-(f-1)\frac{D_o}{L_o}\right)\right\}$

- t_c : 임계점 도달시간(day)
- k_2 : 재폭기계수(/day)
- $L_o = BOD_u$: 최종 BOD(mg/L)
- k_1 : 탈산소계수(/day)
- f : 자정계수($f = \frac{k_2}{k_1} = \frac{0.2/\text{day}}{0.1/\text{day}} = 2$)
- D_o : 초기산소부족량(mg/L) → $D_o = C_s - C$

따라서 $t_c = \frac{1}{0.1/\text{day} \times (2-1)} \log\left\{2 \times \left(1-(2-1)\frac{(9.2-8)\text{mg/L}}{20\text{mg/L}}\right)\right\} = 2.74\text{day}$

Question 32

어떤 도시에서 DO 0mg/L, BOD_u 200mg/L, 유량 1.0m^3/sec, 온도 20℃의 하수를 유량 6m^3/sec인 하천에 방류하고자 한다. 방류지점에서 몇 km 하류에서 가장 DO 농도가 작아지겠는가? (단, 하천의 온도 20℃, BOD_u 1mg/L, DO 9.2mg/L, 유속 3.6km/hr이며 혼합수의 k_1 = 0.1/day, k_2 = 0.2/day, 20℃에서 산소포화농도는 9.2mg/L이다. 상용대수 기준)

풀이 유하지점(km) = 유속(km/hr) × 임계점도달시간(hr)에서 먼저 임계점도달시간(t_c)를 구한다.

$$t_c = \frac{1}{k_1(f-1)}\log\left\{f\left(1-(f-1)\frac{D_o}{L_o}\right)\right\}$$

① f(자정계수) $= \frac{k_2}{k_1} = \frac{0.2/day}{0.1/day} = 2$

② 혼합지점의 최종 BOD = L_o를 구하기 위해

혼합공식을 이용 $C_m = \frac{Q_1C_1+Q_2C_2}{Q_1+Q_2}$ 에서

혼합수의 $BOD_u = \frac{1.0m^3/sec \times 200mg/L + 6m^3/sec \times 1mg/L}{1.0m^3/sec + 6m^3/sec} = 29.43mg/L$

③ D_o(초기산소부족량) = C_s(포화DO 농도) - C(혼합수 DO농도)

혼합수의 DO 농도 $= \frac{Q_1C_1+Q_2C_2}{Q_1+Q_2} = \frac{1.0m^3/sec \times 0mg/L + 6m^3/sec \times 9.2mg/L}{1.0m^3/sec + 6m^3/sec} = 7.886mg/L$

따라서 D_o = 9.2mg/L - 7.886mg/L = 1.314mg/L

④ 임계점 도달시간(t_c) $= \frac{1}{0.1/day \times (2-1)}\log\left\{2\times\left(1-(2-1)\frac{1.314mg/L}{29.43mg/L}\right)\right\} = 2.812day$

⑤ 유하지점(km) = 유속(km/hr) × 임계점 도달시간 = 3.6km/hr × 24hr/day × 2.812day = 242.96km

제6장 하천수의 수질관리

실전연습문제

01 자정계수에 관한 설명으로 옳지 않은 것은?

㉮ 자정계수란 재폭기계수를 탈산소계수로 나눈 값을 말한다.
㉯ 유속이 느린 하천일수록 자정계수는 작다.
㉰ 수심이 얕을수록 자정계수는 커진다.
㉱ 자정계수의 단위는 day^{-1}이다.

풀이 ㉱ 자정계수의 단위는 없다.

02 하천에서 유기물 분해상태를 측정하기 위해 20℃에서 BOD를 측정했을 때 $k_1 = 0.2/day$이었다. 실제 하천온도가 18℃일 때 탈산소계수는? (단, 온도보정계수는 1.035 이다.)

㉮ 약 0.159/day ㉯ 약 0.164/day
㉰ 약 0.172/day ㉱ 약 0.187/day

풀이 $K_1(T) = K_1(20℃) \times 1.035^{(T-20)}$
$K_1(18℃) = 0.2/day \times 1.035^{(18-20)}$
$= 0.187/day$

03 수온이 20℃이고 재포기 계수가 0.2/day인 수체에서 수온이 15℃로 변할 때의 재포기 계수는? (단, 온도보정계수는 1.024)

㉮ 0.169/day ㉯ 0.178/day
㉰ 0.187/day ㉱ 0.192/day

풀이 보정식 : $K_2(T) = K_2(20℃) \times 1.024^{(T-20)}$
$= 0.2/day \times 1.024^{(15-20)}$
$= 0.178/day$

04 어느 공장에서 BOD 200mg/L인 폐수 $500m^3/day$를 BOD 4mg/L, 유량 $200,000m^3/day$의 하천에 방류할 때 합류점의 BOD 농도(mg/L)는 얼마인가?

㉮ 4.20mg/L ㉯ 4.49mg/L
㉰ 4.72mg/L ㉱ 4.84mg/L

풀이 혼합공식을 이용해 합류점의 BOD를 계산한다.

$$C_m = \frac{Q_1C_1 + Q_2C_2}{Q_1 + Q_2}$$

$$= \frac{500m^3/day \times 200mg/L + 200,000m^3/day \times 4mg/L}{(500+200,000)m^3/day}$$

$$= 4.49mg/L$$

정답 01 ㉱ 02 ㉱ 03 ㉯ 04 ㉯

05 유량이 $2.8m^3/s$이고, BOD가 4.0mg/L인 하천에 유량이 560L/s이고 BOD 29.2mg/L인 폐수가 유입되고 있다. 이 폐수는 유입 즉시 하천수와 완전 혼합된다고 할 때 혼합 후의 BOD 농도는? (단, 기타 오염물질 유입은 없다.)

㉮ 39.7mg/L　㉯ 25.8mg/L
㉰ 11.7mg/L　㉱ 8.2mg/L

풀이

$$\text{혼합공식}(C_m) = \frac{Q_1C_1+Q_2C_2}{Q_1+Q_2}$$

$$= \frac{2.8m^3/sec \times 4.0mg/L + 0.56m^3/sec \times 29.2mg/L}{(2.8+0.56)m^3/sec}$$

$= 8.2mg/L$

06 인구 50만의 신도시가 건설되어 인구 1명당 하루에 BOD 500mg/L, 200L씩의 물을 하천으로 배출한다. 하수유입 전 하천수의 유량이 $100,000m^3/day$이고 BOD가 4.0mg/L이었다면 하수 유입 후의 하천의 BOD는? (단, 완전혼합, 합류점 기준)

㉮ 238mg/L　㉯ 252mg/L
㉰ 282mg/L　㉱ 296mg/L

풀이

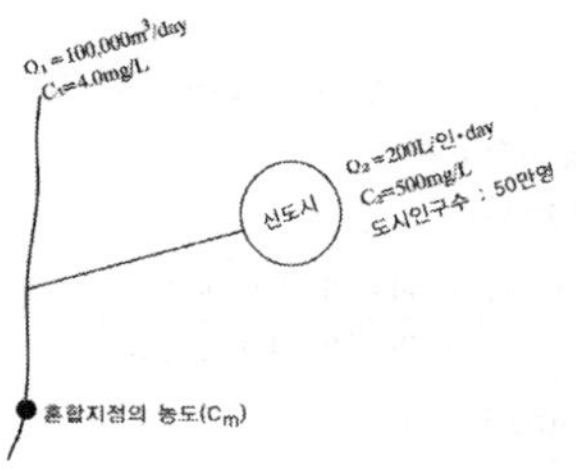

$$\text{혼합지점의 농도}(C_m) = \frac{Q_1C_1+Q_2C_2}{Q_1+Q_2}$$

$$= \frac{100,000m^3/day \times 4.0mg/L + 100,000m^3/day \times 500mg/L}{100,000m^3/day + 100,000m^3/day}$$

$= 252mg/L$

TIP

$Q_2 = 200L/\text{인} \cdot day \times 10^{-3}m^3/L \times 500,000\text{인}$
$= 100,000m^3/day$

07 유량이 $10,000m^3/day$인 폐수를 하천에 방류하였다. 하천의 BOD는 4mg/L이며, 유량은 $4,000,000m^3/day$이다. 방류한 폐수가 하천수와 완전 혼합되어졌을 때 하천의 BOD가 1mg/L 높아진다고 하면, 하천으로 유입되는 폐수의 BOD농도는?

㉮ 405mg/L　㉯ 455mg/L
㉰ 810mg/L　㉱ 905mg/L

풀이

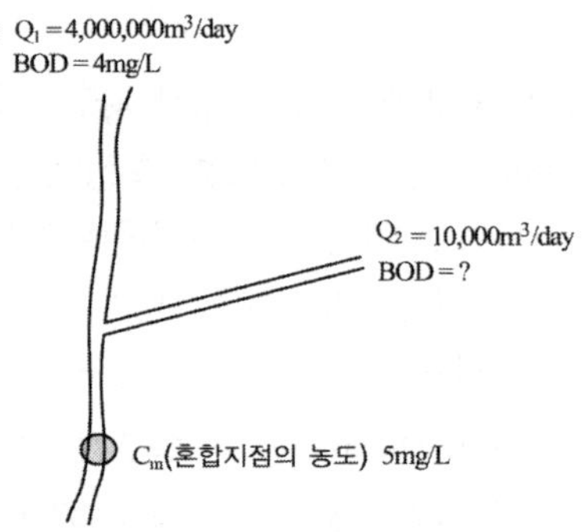

혼합공식을 이용한다.

$$C_m = \frac{Q_1C_1+Q_2C_2}{Q_1+Q_2}$$

5mg/L

$$= \frac{4,000,000m^3/day \times 4mg/L + 10,000m^3/day \times C_2}{4,000,000m^3/day + 10,000m^3/day}$$

$4,000,000m^3/day \times 4mg/L + 10,000m^3/day \times C_2$
$= 5mg/L \times (4,000,000m^3/day + 10,000m^3/day)$

$10,000m^3/day \times C_2$
$= (5mg/L \times 4,010,000m^3/day) - (4mg/L \times 4,000,000m^3/day)$

$$\therefore C_2 = \frac{(5mg/L \times 4,010,000m^3/day) - (4mg/L \times 4,000,000m^3/day)}{10,000m^3/day}$$

$= 405mg/L$

정답 05 ㉱　06 ㉯　07 ㉮

TIP

문제에서 혼합지점의 BOD 농도가 하천의 BOD농도보다 1mg/L 높아진다고 했으므로 혼합지점의 BOD 농도 = 원래 하천의 BOD 농도 4mg/L + 변화되는 BOD 농도 1mg/L = 5mg/L이다.

08 BOD 10mg/L인 하수처리장 유출수가 $50{,}000m^3/day$로 방출되고 있다. 하수가 방출되기 전에 하천의 BOD는 3mg/L이며, 유량은 $5.8m^3/sec$이다. 방출된 하수가 하천수에 의해 완전 혼합된다고 한다면 혼합지점에서의 BOD 농도(mg/L)는 얼마인가?

㉮ 3.12mg/L ㉯ 3.32mg/L
㉰ 3.64mg/L ㉱ 3.95mg/L

풀이

$$C_m = \frac{Q_1C_1 + Q_2C_2}{Q_1 + Q_2}$$

$$= \frac{5.8m^3/sec \times 3mg/L + 0.5787m^3/sec \times 10mg/L}{5.8m^3/sec + 0.5787m^3/sec}$$

$= 3.64mg/L$

여기서

$Q_2 = 50{,}000m^3/day \times 1day/24hr \times 1hr/3600sec$
$= 0.5787m^3/sec$

09 유량이 $10{,}000m^3/day$인 폐수를 하천에 방류하였다. 폐수 방류전 하천의 BOD는 4mg/L이며, 유량은 $4{,}000{,}000m^3/day$ 이다. 방류한 폐수가 하천수와 완전 혼합 되었을 때 하천의 BOD가 1mg/L 높아진다고 하면, 하천에 가해지는 폐수의 BOD 부하량은? (단, 폐수가 유입된 이후에 생물학적 분해로 인한 하천의 BOD량 변화는 고려하지 않음)

㉮ 1280kg/day ㉯ 2810kg/day
㉰ 3250kg/day ㉱ 4050kg/day

풀이 $Q = 4{,}000{,}000m^3/day$
BOD = 4mg/L

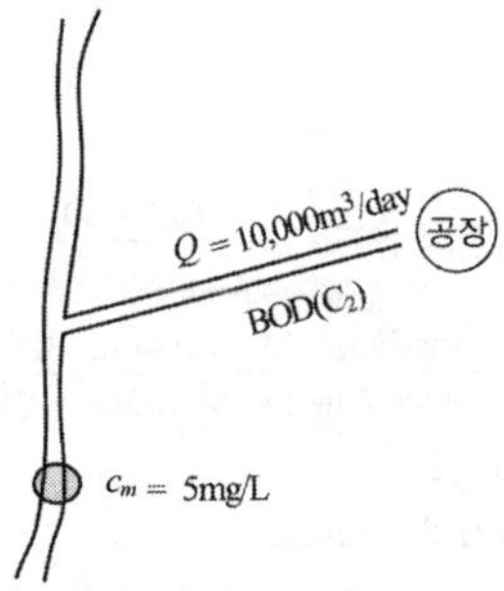

$$C_m = \frac{Q_1C_1 + Q_2C_2}{Q_1 + Q_2}$$

$5 \times 10^{-3}kg/m^3$

$$= \frac{4{,}000{,}000m^3/day \times 4 \times 10^{-3}kg/m^3 + Q_2C_2}{4{,}000{,}000m^3/day + 10{,}000m^3/day}$$

$\therefore Q_2C_2 = 4050kg/day$

TIP

부하량(kg/day) = 농도(kg/m^3)×유량(m^3/day)

정답 08 ㉰ 09 ㉱

10 BOD 20mg/L인 하수처리장 유출수가 50,000m^3/day로 방출되고 있다. 하수가 방출되기 전에 하천의 BOD는 3mg/L이며, 유량은 5.8m^3/sec이다. 방출된 하수가 하천수에 의해 완전 혼합된다고 한다면 혼합지점에서의 BOD 총량(kg/day)은?

㉮ 503　　㉯ 1503
㉰ 2503　　㉱ 3503

풀이

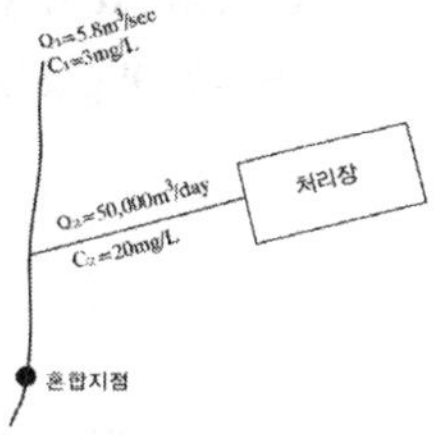

① 혼합지점의 농도$(C_m) = \dfrac{Q_1C_1+Q_2C_2}{Q_1+Q_2}$

$= \dfrac{50{,}000m^3/day \times 20mg/L + 5.8m^3/sec \times 3600sec/1hr \times 24hr/day \times 3mg/L}{50{,}000m^3/day + 5.8m^3/sec \times 3600sec/hr \times 24hr/day}$

$= 4.54mg/L$

② 혼합지점의 유량(Q_m)

$= Q_1+Q_2 = 50{,}000m^3/day + 5.8m^3/sec \times 3600sec/hr \times 24hr/day$

$= 551{,}120m^3/day$

③ 혼합지점에서 BOD총량(kg/day)

= 혼합지점의 BOD농도(kg/m^3)×혼합지점의 유량(m^3/day)

$= 4.54 \times 10^{-3}kg/m^3 \times 551{,}120m^3/day$

$= 2502.08kg/day$

TIP

① ppm = mg/L = g/m^3이므로 $mg/L \times 10^{-3} = kg/m^3$
② 혼합지점의 BOD농도
$4.54mg/L = 4.54 \times 10^{-3}kg/m^3$

11 BOD가 230mg/L, 배수량이 2500m^3/일의 생활오수를 BOD 오탁 부하량이 173kg/day가 되게 줄이려면 몇 %의 BOD를 제거해서 하천수로 방류시켜야 하는가?

㉮ 80%　　㉯ 75%
㉰ 70%　　㉱ 65%

풀이

제거효율$(\eta) = \left\{1 - \dfrac{BOD_o \times Q_o}{BOD_i \times Q_i}\right\} \times 100(\%)$

- BOD_i : 유입수의 BOD
- BOD_o : 유출수의 BOD
- Q_i : 유입수의 유량
- Q_o : 유출수의 유량

따라서 $\eta = \left\{1 - \dfrac{173kg/day}{0.23kg/m^3 \times 2500m^3/day}\right\} \times 100(\%)$

$= 69.91\%$

12 BOD 농도가 200mg/L, 유량이 1,000m^3/day인 폐수를 처리하여 BOD 4mg/L, 유량 50,000m^3/day인 하천에 방류했을 경우 합류지점의 BOD 농도는? (단, 폐수는 95% 처리 후 방류하며 합류지점에서는 완전 혼합되었다고 한다.)

㉮ 4.12mg/L　　㉯ 4.32mg/L
㉰ 4.62mg/L　　㉱ 4.88mg/L

풀이

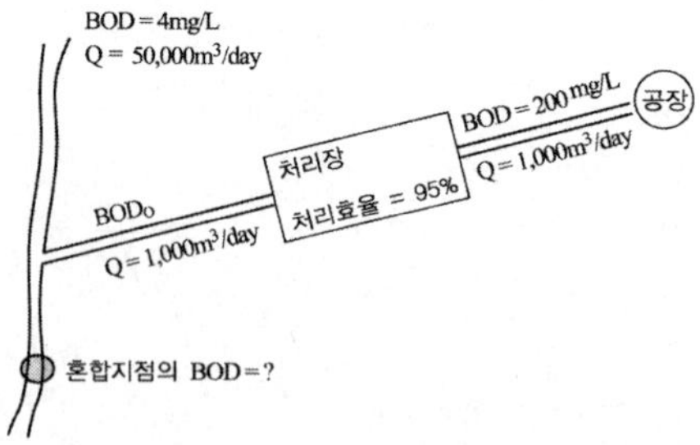

① 처리효율$(\eta) = \left\{1 - \dfrac{\text{유출수 BOD}}{\text{유입수 BOD}}\right\} \times 100(\%)$

$95\% = \left\{1 - \dfrac{BOD_o}{200mg/L}\right\} \times 100(\%)$

정답 10 ㉰ 11 ㉰ 12 ㉮

$\therefore BOD_o = 10mg/L$

② 혼합지점의 BOD 농도 $= \frac{Q_1C_1+Q_2C_2}{Q_1+Q_2}$

$= \frac{4mg/L \times 50,000m^3/day + 10mg/L \times 1,000m^3/day}{50,000m^3/day + 1,000m^3/day}$

$= 4.12mg/L$

13 유량 30,000m^3/d, BOD 1mg/L인 하천에 유량 1,000m^3/d, BOD 220mg/L의 생활오수가 처리되지 않고 유입되고 있다. 하천수와 생활오수가 합류 직후 완전 혼합된다고 가정할 때, 합류 후 하천의 BOD를 3mg/L로 유지하기 위해서 필요한 생활오수의 최소 BOD 제거율(%)은 얼마인가?

㉮ 60.2% ㉯ 71.4%
㉰ 82.4% ㉱ 95.5%

풀이 ① 혼합공식을 이용해 $C_2(=C_o)$를 계산한다.

$C_m = \frac{Q_1C_1+Q_2C_2}{Q_1+Q_2}$

따라서

$3mg/L = \frac{30,000m^3/day \times 1mg/L + 1,000m^3/day \times C_2}{(30,000+1,000)m^3/day}$

$\therefore C_2 = 63mg/L$

② 처리장의 제거효율(%) $= \left(1 - \frac{C_o}{C_i}\right) \times 100$

$= \left(1 - \frac{63mg/L}{220mg/L}\right) \times 100 = 71.36\%$

14 어떤 공장에서 phenol 500kg이 매일 폐수에 섞여 배출된다. 1g의 phenol이 1.7g의 BOD$_5$에 해당된다고 할 때, 인구당량은? (단, 1인 1일당 BOD$_5$는 50g 기준)

㉮ 15,000명 ㉯ 16,000명
㉰ 17,000명 ㉱ 18,000명

풀이 인구당량(인)

$= \frac{1.7gBOD_5}{1g \text{ 페놀}} \times \frac{500 \times 10^3 g \text{ 페놀}}{} \times \frac{1\text{인} \cdot day}{50gBOD_5}$

$= 17,000$인

15 하천 주변에 돼지를 키우려고 한다. 이 하천은 BOD가 2.0mg/L이고 유량이 100,000m^3/day이다. 돼지 1마리당 BOD 배출량은 0.25kg/day라고 한다면 최대 몇 마리까지 키울 수 있는가? (단, 하천의 BOD는 6mg/L을 유지하려고 한다.)

㉮ 1600 ㉯ 2000
㉰ 2500 ㉱ 3000

풀이 마리 수

$= \frac{(\text{BOD의 기준치농도-하천의 현재 BOD 농도})\ kg/m^3 \times \text{유량}(m^3/day)}{\text{BOD 배출량}(kg/day \cdot \text{마리})}$

$= \frac{(6-2) \times 10^{-3} kg/m^3 \times 100,000m^3/day}{0.25kg/day \cdot \text{마리}}$

$= 1600$마리

TIP

① $ppm = mg/L = g/m^3$
② $mg/L \times 10^{-3} = kg/m^3$

정답 13 ㉯ 14 ㉰ 15 ㉮

16 임의의 시간후의 용존산소부족량(용존산소곡선식)을 구하기 위해 필요한 기본인자와 가장 거리가 먼 것은 어느 것인가?

㉮ 재포기계수 ㉯ BOD_u
㉰ 수심 ㉱ 탈산소계수

풀이 $D_t = \frac{k_1 \times L_o}{k_2 - k_1} \times (10^{-k_1 \times t} - 10^{-k_2 \times t}) + D_o \times (10^{-k_2 \times t})$

- k_1 : 탈산소계수(/day)
- D_t : t시간 후의 용존산소부족량(mg/L)
- k_2 : 재폭기계수(/day)
- L_o : 최종 BOD(= BOD_u)(mg/L)
- D_o : 초기 용존산소 부족량(mg/L)

17 산소의 포화농도가 9.14mg/L인 하천에서 t = 0일 때 DO 농도가 6.5mg/L라면 물이 3일 및 5일 흐른 후 하류에서의 DO 농도는? (단, 최종 BOD = 11.3mg/L, k_1 = 0.1/day, k_2 = 0.2/day, 상용대수 기준)

㉮ 3일 후 DO 농도 = 5.7mg/L
5일 후 DO 농도 = 6.1mg/L
㉯ 3일 후 DO 농도 = 5.7mg/L
5일 후 DO 농도 = 6.4mg/L
㉰ 3일 후 DO 농도 = 6.1mg/L
5일 후 DO 농도 = 7.1mg/L
㉱ 3일 후 DO 농도 = 6.1mg/L
5일 후 DO 농도 = 7.4mg/L

풀이 $D_t = \frac{k_1 \times L_o}{k_2 - k_1} \times (10^{-k_1 \times t} - 10^{-k_2 \times t}) + D_o \times (10^{-k_2 \times t})$

D_o = 포화 DO농도(C_s)-하천수의 DO농도(C)
= 9.14mg/L-6.5mg/L = 2.64mg/L

① 3일 유하 후 하류에서의 DO농도

$$D_{3day} = \frac{0.1/day \times 11.3mg/L}{0.2/day - 0.1/day} \times (10^{-0.1/day \times 3day} - 10^{-0.2/day \times 3day}) + 2.64mg/L \times (10^{-0.2/day \times 3day}) = 3.488mg/L$$

따라서 하류에서의 DO농도
$= C_s - D_{3day}$
= 9.14mg/L-3.488mg/L = 5.65mg/L

② 5일 유하 후 하류에서의 DO농도

$$D_{5day} = \frac{0.1/day \times 11.3mg/L}{0.2/day - 0.1/day} \times (10^{-0.1/day \times 5day} - 10^{-0.2/day \times 5day}) + 2.64mg/L \times (10^{-0.2/day \times 5day}) = 2.707mg/L$$

따라서 하류에서의 DO농도
$= C_s - D_{5day}$
= 9.14mg/L - 2.707mg/L = 6.43mg/L

18 용존산소의 포화농도가 9mg/L인 하천의 상류에서 용존산소 농도가 6mg/L이라면(BOD_5가 5mg/L, $k_1 = 0.1day^{-1}$, $k_2 = 0.4day^{-1}$) 5일 후의 하류에서의 DO 부족량(mg/L)은? (단, 상용대수 기준, 기타 조건은 고려하지 않음)

㉮ 약 0.8 ㉯ 약 1.8
㉰ 약 2.8 ㉱ 약 3.8

풀이 $D_t = \frac{k_1 \times L_o}{k_2 - k_1} \times (10^{-k_1 \times t} - 10^{-k_2 \times t}) + D_o \times (10^{-k_2 \times t})$

D_o = 포화 DO농도(C_s)-하천수의 DO농도(C)
= 9mg/L-6mg/L = 3mg/L

① 최종 BOD(L_o)를 계산한다.
$BOD_5 = BOD_u \times (1 - 10^{-k_1 \times t})$
$5mg/L = BOD_u \times (1 - 10^{-0.1/day \times 5day})$

$$\therefore BOD_u = \frac{5mg/L}{(1 - 10^{-0.1/day \times 5day})} = 7.31mg/L$$

② $$D_{5day} = \frac{0.1/day \times 7.31mg/L}{0.4/day - 0.1/day} \times (10^{-0.1/day \times 5day} - 10^{-0.4/day \times 5day}) + 3mg/L \times (10^{-0.4/day \times 5day}) = 0.78mg/L$$

정답 16 ㉰ 17 ㉯ 18 ㉮

19 유량이 $0.7m^3/s$이고 BOD_5가 3.0mg/L, DO가 9.5mg/L인 하천이 있다. 이 하천에 유량이 $0.4m^3/sec$, BOD_5 25mg/L, DO가 4.0mg/L인 지류가 흘러 들어오고 있으며 합쳐진 하천의 평균유속이 15m/min이라면 하류 54km 지점의 용존산소부족량은? (단, 온도 20℃, 혼합수의 $k_1 = 0.1/day$, $k_2 = 0.2/day$이며 포화용존산소 농도는 9.5mg/L, 상용대수 적용)

㉮ 3.2mg/L ㉯ 3.9mg/L
㉰ 4.2mg/L ㉱ 4.6mg/L

풀이

$$D_t = \frac{k_1 \times L_o}{k_2 - k_1} \times (10^{-k_1 \times t} - 10^{-k_2 \times t}) + D_o \times (10^{-k_2 \times t})$$

① 혼합수의 BOD_5를 혼합공식을 이용해 계산한다.

$$C_m = \frac{Q_1C_1 + Q_2C_2}{Q_1 + Q_2}$$

$$= \frac{0.7m^3/sec \times 3.0mg/L + 0.4m^3/sec \times 25mg/L}{(0.7+0.4)m^3/sec}$$

= 11mg/L

② $BOD_u = L_o$(최종 BOD)를 계산한다.

$BOD_5 = BOD_u \times (1-10^{-k_1 \times t})$

따라서 $11mg/L = BOD_u \times (1-10^{-0.1/day \times 5day})$

$$\therefore BOD_u = \frac{11mg/L}{(1-10^{-0.1/day \times 5day})} = 16.087mg/L$$

③ 혼합수의 DO 농도를 혼합공식을 이용해 계산한다.

$$C_m = \frac{Q_1C_1 + Q_2C_2}{Q_1 + Q_2}$$

$$= \frac{0.7m^3/sec \times 9.5mg/L + 0.4m^3/sec \times 4.0mg/L}{(0.7+0.4)m^3/sec}$$

= 7.5mg/L

④ D_o(초기산소부족량) = 포화용존산소량(C_s) - 혼합수 중 용존산소농도(C)
= 9.5mg/L-7.5mg/L = 2.0mg/L

$$⑤\ t(시간) = \frac{L(길이)}{v(평균유속)}$$

$$= \frac{54 \times 10^3\ m}{15m/min \times 60min/hr \times 24hr/day}$$

= 2.5day

$$⑥\ D_t = \frac{0.1/day \times 16.087mg/L}{0.2/day - 0.1/day} \times (10^{-0.1/day \times 2.5day} - 10^{-0.2/day \times 2.5day}) + 2.0mg/L \times (10^{-0.2/day \times 2.5day})$$

= 4.59mg/L

20 유량이 $1.2m^3/s$, BOD_5가 2.0mg/L, DO가 9.2mg/L인 하천에 유량 $0.6m^3/s$, BOD_5가 30mg/L, DO가 3.0mg/L인 하수가 유입되고 있다. 하천의 평균유수단면적은 $8.1m^2$이면 하류 48km 지점의 용존산소부족량은? (단, 수온은 20℃ [포화 DO 9.2mg/L], 혼합수의 $k_1 = 0.1/day$, $k_2 = 0.2/day$, 상용대수 기준)

㉮ 4.7mg/L ㉯ 5.2mg/L
㉰ 5.6mg/L ㉱ 6.1mg/L

풀이

$$①\ 혼합수중의\ BOD_5 = \frac{Q_1C_1 + Q_2C_2}{Q_1 + Q_2}$$

$$= \frac{1.2m^3/sec \times 2.0mg/L + 0.6m^3/sec \times 30mg/L}{1.2m^3/sec + 0.6m^3/sec}$$

= 11.33mg/L

② BOD_5 공식을 이용해 $BOD_u(= L_o)$를 계산한다.

$BOD_5 = BOD_u \times (1-10^{-k_1 \times t})$

$11.33mg/L = BOD_u \times (1-10^{(-0.1/day \times 5day)})$

$$\therefore BOD_u(= L_o) = \frac{11.33mg/L}{1-10^{(-0.1/day \times 5day)}}$$

= 16.57mg/L

$$③\ 혼합수중\ 용존산소\ 농도 = \frac{Q_1C_1 + Q_2C_2}{Q_1 + Q_2}$$

$$= \frac{1.2m^3/sec \times 9.2mg/L + 0.6m^3/sec \times 3.0mg/L}{1.2m^3/sec + 0.6m^3/sec}$$

= 7.13mg/L

④ D_o(초기산소 부족량)
= C_s(포화 DO농도) - C(혼합수중 DO농도)
= 9.2mg/L-7.13mg/L = 2.07mg/L

$$⑤\ 시간(t) = \frac{거리(L)}{유속(V)}$$

$$V = \frac{Q}{A} = \frac{(1.2+0.6)m^3/sec}{8.1m^2} = 0.2222m/sec$$

$$t = \frac{48 \times 10^3 m}{0.2222m/sec} = 216021.60sec = 60.0hr$$

정답 19 ㉱ 20 ㉮

$= 2.5day$

⑥ $D_t = \frac{k_1 \times L_o}{k_2 - k_1} \times (10^{-k_1 \times t} - 10^{-k_2 \times t}) + D_o \times 10^{-k_2 \times t}$

$= \frac{0.1/day \times 16.57mg/L}{0.2/day - 0.1/day} \times (10^{-0.1/day \times 2.5day} - 10^{-0.2/day \times 2.5day}) + 2.07mg/L \times (10^{-0.2/day \times 2.5day})$

$= 4.73mg/L$

21 어느 하천의 DO가 6.3mg/L, BOD_u가 17.1mg/L이었다. 이때 용존산소곡선(DO Sag Curve)에서 임계점에 달하는 시간(day)은 얼마인가? (단, 온도는 20℃, 용존산소 포화량 9.2mg/L, $k_1 = 0.1/day$, $k_2 = 0.3/day$)

㉮ 약 1.0일　　㉯ 약 1.5일
㉰ 약 2.0일　　㉱ 약 2.5일

풀이

$t_c = \frac{1}{k_1(f-1)} \log\left\{f \times (1-(f-1)\frac{D_o}{L_o})\right\}$

① $f = \frac{k_2}{k_1} = \frac{0.3/day}{0.1/day} = 3$

② $L_o = BOD_u = 17.1mg/L$

③ D_o = 포화 DO 농도-하천의 DO 농도
$= 9.2mg/L - 6.3mg/L = 2.9mg/L$

④ $t_c = \frac{1}{0.1/day \times (3-1)} \log\left\{3 \times (1-(3-1)\frac{2.9mg/L}{17.1mg/L})\right\}$
$= 1.5day$

정답 21 ㉯

04 하천의 정화단계

1. 하천의 정화단계 정리

Wipple의 하천정화 단계	(초기) 분해지대	활발한 분해지대	회복지대	정수지대
정화 단계별 곡선	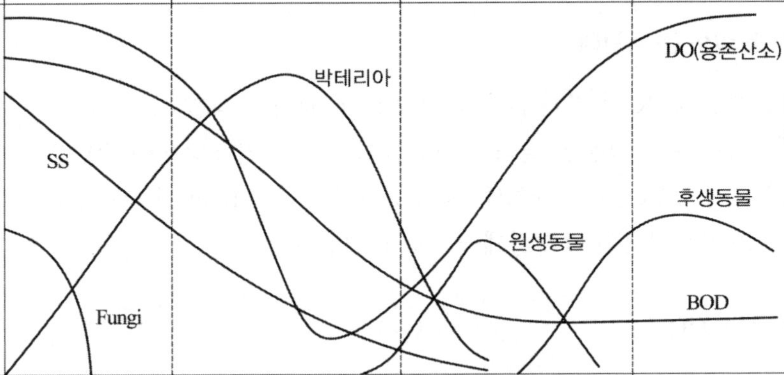			
상태	호기성	혐기성	호기성	호기성
특징	Fungi(곰팡이) 증가 DO 감소 CO_2 증가	Fungi 감소 박테리아 증가 CO_2 증가 H_2S 증가 NH_3 −N 증가 PO_4^{3-} 증가	DO 증가 NO_2−N 증가 NO_3−N 증가 Fungi 조금씩 증가, 조류 증가 원생, 윤충 갑각류 번식	착색조류 증가 송어 증가 쏘가리 증가 NO_3 −N 증가
Kolkwitz와 Marson의 단계별 색깔	강부수성 수역 (빨간색)	α −중부수성 수역 (노란색)	β −중부수성 수역 (초록색)	빈부수성 수역 (파란색)

2. Whipple의 하천정화단계

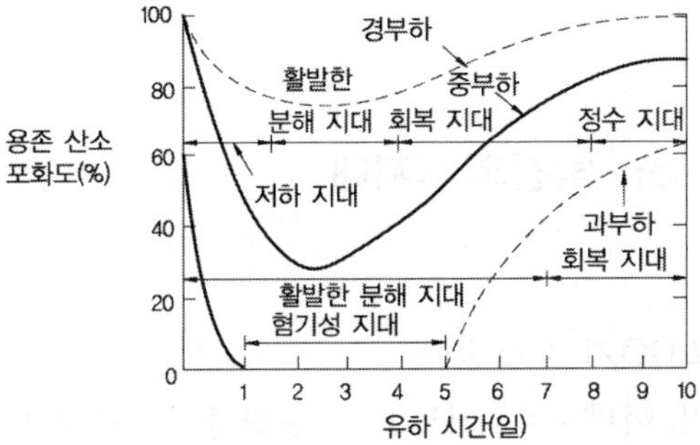

자정단계에 따른 용존산소의 변화량

(1) (초기)분해지대 = 저하지대

① 희석이 잘 되는 큰 하천보다 희석이 덜 되는 작은 하천에서 더 뚜렷이 나타난다.
② 세균의 수가 증가하고 유기물을 많이 함유하는 슬러지의 침전이 많아진다.
③ 오염에 잘 견디는 곰팡이류가 녹색 수중식물이나 고등미생물을 대신해 번식한다.
④ 유기물을 다량 함유하는 슬러지의 침전이 많아지고 용존산소량이 크게 줄어드는 대신에 탄산가스의 양은 증가한다.

(2) 활발한 분해지대

① 수중에 DO가 거의 없어 혐기성 bacteria가 번식한다.
② 흑색 및 점성질의 슬러지 침전물이 생기고 기체방울이 수면으로 떠오른다.
③ 수중에 CO_2 농도나 NH_3-N 농도가 증가하며 fungi가 사라진다.
④ 호기성세균이 혐기성세균으로 교체된다.

(3) 회복지대

① 혐기성균이 호기성균으로 대체되며 조류가 많이 발생하며 fungi도 조금씩 발생한다.
② 광합성을 하는 조류가 번식하며 원생동물, 윤충, 갑각류가 번식하며 큰 수중식물도 다시 나타난다.
③ 바닥에서는 조개나 벌레의 유충이 번식하며 오염에 견디는 힘이 강한 은빛 담수어 등의 물고기도 서식한다.
④ 용존산소가 포화될 정도로 증가한다.
⑤ 아질산염이나 질산염의 농도가 증가한다.

(4) 정수지대

① DO와 BOD가 오염 이전으로 회복된다.
② 호기성 세균이 증가하고 착색조류가 증가, 송어, 쏘가리가 증가한다.
③ NO_3-N가 증가한다.

3. Kolkwitz와 Marson 하천의 4지대

(1) 강부수성 수역

① 악취가 발생하고 DO가 결핍된다.
② 물버들, 실지렁이, 아메바류, 섬모충류, 편모충류 출현한다.
③ 수질도를 적색으로 표시한다.

(2) α－중부수성 수역

① 남조류, 녹조류, 규조류가 증가한다.
② 물벌레, 메기, 붕어, 잉어 등이 서식한다.
③ 고분자 화합물의 분해로 아미노산이 풍부해진다.
④ 수질도를 노란색으로 표시한다.

(3) β－중부수성 수역

① 규조, 녹조 등 많은 종류의 조류가 출현한다.
② 태양충, 흡관충류가 출현한다.
③ 수질도를 초록색으로 표시한다.
④ 생식생물의 생태학적 특성은 pH와 산소의 변동에 약하다. (부패독에 비교적 약함)
⑤ 수중의 유기물은 지방산의 암모니아 화합물이 많다.

(4) 빈부수성 수역

① 하루살이 등의 작은 벌레들이 있다.
② 맑은 물을 좋아하는 산천어, 은어가 서식한다.
③ DO의 농도가 높고 유기물의 농도가 낮다.
④ 수질도를 파란색으로 표시한다.

★★★ TIP

수질도 색깔별 표시
① 강부수성 수역(적색)
② α－중부수성 수역(노란색)
③ β－중부수성 수역(초록색)
④ 빈부수성 수역(파란색)

05 하천의 모형화

1. 하천의 모형화

(1) 하천 모형화의 일반적인 가정조건

① 오염물질의 농도 분포가 하천의 흐름방향으로 이루어진다.
② 유속으로 인한 오염물질의 이동이 매우 크므로 확산에 의한 영향은 무시한다.
③ 정상상태이다.
④ 오염물질의 특성이 보전성과 비보전성이다.

(2) 동적모델과 정적모델

① 정적모델은 변수가 시간의 변화에 관계없이 항상 일정하다는 모델이다.
② 정적모델은 특정지역의 장기적으로 수질관리 대책을 수립할 때 사용한다.
③ 정적모델은 환경조건 변화에 system이 반응하는 정도를 나타낼 때 사용한다.
④ 동적모델은 부영양화의 관리와 예측에 이용된다.
⑤ 동적모델은 하구의 수질모델링에서 매우 중요하다.
⑥ 동적모델은 변수가 시간의 변화에 따라 변하는 모델이다.

(3) 확산식

① 확산을 지배하는 Fick의 제1법칙(확산에 의해 어떤 면적 요소를 통과하는 물질의 이동속도 기준) – 이동속도는 확산물질의 농도경사에 비례한다.
② 확산계수가 가장 큰 것은 수평방향 지표수이다.

2. 공간성을 나타내는 모형(model)의 종류

(1) 0차원 모형(Zero-dimensional model)

① 적용대상의 오염 물질이 공간적으로 균일하게 분포한다고 가정
② 적용은 호수를 CSTR(연속교반 반응조)로 가정
③ 매년 축적되는 무기물질(인산 등등)의 수지를 평가하는데 적용
④ 식물성 플랑크톤의 계절적 변동 사항에는 적용하기 곤란

(2) 1차원 모형(One-dimensional model)

① 가장 많이 사용되는 모델
② 하천은 종방향으로 호수는 수평방향으로 나누고 나누어진 각 구획이 균일한 수질을 유지한다고 가정
③ 연속교반 반응조(Continuous Stirred Tank Reactor ; CSTR)로 가정
④ 하천(종방향) 호수(횡방향)

(3) 2차원 모형

① 수질의 변동이 일방향성이 아닌 이방향성으로 분포
② 일차원 모형에 비해 복잡하다.

(4) 3차원 모형

① 대호수의 순환 패턴이나 큰 만에서는 유체역학 연구에 적용
② 복잡한 입력자료와 모델구조를 갖는다.

3. 하천모델링의 종류

(1) Streeter-Phelps 모델

① 점오염원으로부터 오염부하량 고려
② 하천수질 모델링의 최초
③ 유기물 분해로 인한 용존산소 소비와 대기로부터 수면을 통해 산소가 재공급되는 재폭기 고려

(2) DO SAG - Ⅰ, Ⅱ, Ⅲ 모델

① 1차원 정상상태 모델이다.
② 점오염원 및 비점오염원이 하천의 용존산소에 미치는 영향을 나타낼 수 있다.
③ Streeter-Phelps 식을 기본으로 한다.
④ 저질의 영향과 광합성 작용에 의한 용존산소 반응을 무시한다.

(3) QUAL - Ⅰ 모델

① 유속, 수심, 조도계수에 의해서 확산계수를 계산한다.
② 하천과 대기사이에서의 열복사를 고려한다.
③ 오염물질의 유입과 용수취수를 고려한다.

(4) QUAL - Ⅱ 모델

① 질소화합물(NH_3-N, NO_2-N, NO_3-N), P(인), 클로로필-a(chl-a)를 고려
② 음해법을 이용해 미분방정식의 해를 구한다.
③ QUAL-Ⅰ 모델보다 계산시간이 짧다.

(5) WQRRS 모델

① 하천 및 호수의 부영양화를 고려한 생태계모델이다.
② 정적 및 동적인 하천의 수질, 수문학적 특성이 광범위하게 고려된다.
③ 호수에는 수심별 1차원 모델이 적용된다.

(6) USGS Streeter phelps 모델

① Streeter phelps 모델을 확장시킨 1차원 모델이다.
② 하천의 수리학적 특성, 반응계수 등을 고려
③ 비점오염원 무산소상태를 고려한다.

(7) WASP5 모델

① 하천의 수질모델, 수리학적 모델, 독성물질의 거동을 고려
② 1차원, 2차원, 3차원 고려
③ 저질이 수질에 미치는 영향을 상세히 고려

(8) HSPF 모델

① 강우, 강설로부터 하구까지 다양한 수체에 적용
② 적용하고자 하는 수체에 따라 필요한 모듈 선택 가능

06 유해물질의 종류 및 특성

1. 유해물질의 특성

(1) 수은(Hg)

① 수은은 상온에서 액체상태로 존재한다.
② 대표적인 만성질환으로는 미나마타병, 헌터－루셀증후군이 있다.
③ 알킬수은 화합물의 독성은 무기수은 화합물의 독성보다 강하다.
④ 수은 중독은 BAC, Ca_2EDTA로 치료할 수 있다.
⑤ 유기수은은 금속상태의 수은보다 생물체 내에 흡수력이 강하다.
⑥ 난청, 언어장애, 구심성 시야 협착, 정신장애를 일으킨다.
⑦ 유기수은은 무기수은보다 독성이 강하며 신경계통에 장해를 준다.
⑧ 무기수은은 황화물 침전법, 활성탄 흡착법, 이온교환법으로 처리할 수 있다.

(2) PCB(Poly chlorinated Biphenyl)

① 만성질환 증상으로는 카네미유증이 대표적이다.
② 간장장해, 피부장해, 전신권태, 수족저림, 발암 등을 유발한다.
③ 화학적으로 불활성이고 절연성이 좋다.
④ 물에는 난용성이나 유기용제에 잘 녹는다.
⑤ 난연성을 가진다.

(3) 카드뮴(Cd)

① 칼슘대사에 장해를 주어 신결석을 동반한 카드뮴 신증후군이 나타나고 다량의 칼슘배설이 일어난다.
② 체내에 축적된 카드뮴의 50~75%는 간과 신장에 축적된다.
③ 카드뮴은 물에는 녹지 않으나 산성용액에는 녹고 공기 중 수분이 존재하면 산화 카드뮴이 형성된다.
④ 만성폭로로 인한 흔한 증상은 단백뇨이다.
⑤ 대표 질환으로는 이따이이따이병이다.
⑥ 카드뮴은 흰 은색이며 아연정련업, 도금공업 등에서 배출된다.

(4) 크롬(Cr)

① 크롬에 의한 급성중독의 특징은 심한 신장장해를 일으키는 것이다.
② 3가크롬은 피부흡수가 어려우나 6가크롬은 쉽게 피부를 통과한다.
③ 자연 중의 크롬은 주로 3가 형태로 존재한다.
④ 생체 내에서 필수적인 금속으로 결핍시에는 인슐린의 저하로 인한 것과 같은 탄수화물의 대사장해를 일으키는 유해물질이다.
⑤ 도금, 피혁제조, 색소, 방부제, 약품제조업에서 발생된다.

(5) 비소(As)

인산염 광물에 존재해서 인 화합물 형태로 환경 중에 유입된다.

(6) 납(Pb)

급성중독은 신장, 생식계통, 간 그리고 뇌와 중추신경계에 심각한 장애를 유발한다.

★★★ 2. 유해물질과 만성질환 및 발생공업

① PCB – 카네미유증
- 변압기, 콘덴서 공장

② 수은 – 헌터 – 루셀 증후군, 미나마타병, 경구염, 수족 떨림
- 제련, 살충제, 온도계, 압력계 제조업

③ 망간 – 파킨슨씨 증후군과 유사한 증상
- 광산, 합금, 유리착색 공업

④ 카드뮴 – 이따이이따이병, 골연화증
- 아연정련업, 도금공업

⑤ 아연 – 소인증
- 도금, 안료공업

⑥ 불소 – 법랑반점
- 살충제, 도료공업

⑦ 비소 – 피부염, 발암, 피부흑색(청색)화
- 황산제조, 피혁공업

⑧ 구리 – 만성중독시 간경변, 윌슨씨 증후군
- 도금공장, 파이프 제조업

07 소독 및 살균

1. 소독 및 살균

★★★★ (1) 염소소독의 특징

① 염소소독시 pH가 높을 때 일어나는 반응은 $HOCl \rightarrow H^{+}+OCl^{-}$

② HOCl이 OCl^{-}보다 살균력이 80배 강하다.

③ 살균능력은 클로라민 < OCl^{-} < HOCl 순이다.

④ 유기물이 많아서 BOD가 높은 물을 상수원으로 사용하는 경우 염소소독시 생성되는 발암성물질은 THM(Trihalomethane)이다.

⑤ 염소의 살균력은 온도가 높을수록, 반응시간이 길수록, 주입농도가 증가할수록, pH가 낮을수록 증가한다.

⑥ 수중에 암모니아가 존재하면 염소와 반응하여 클로라민을 형성한다.

⑦ 미량의 phenol을 함유하는 물을 염소 처리하면 음료수에 불쾌한 맛과 냄새를 야기시키는 이유는 페놀이 염소와 작용하여 클로로페놀을 생성시키기 때문이다.

★ (2) 클로라민 종류

① NH_2Cl(모노클로라민)

$$HOCl + NH_3 \xrightarrow{\text{pH 8.5 이상}} NH_2Cl + H_2O$$

② $NHCl_2$(디클로라민)

$$HOCl + NH_2Cl \xrightarrow{\text{pH 4.5~8.5}} NHCl_2 + H_2O$$

③ NCl_3(트리클로라민)

$$HOCl + NHCl_2 \xrightarrow{\text{pH 4.4 이하}} NCl_3 + H_2O$$

★ (3) 클로라민의 살균력

① 살균력 순서는 $NHCl_2$(디클로라민) > NH_2Cl(모노클로라민)이다.

② NCl_3(트리클로라민)은 산화력이 0이므로 살균력이 없다.

(4) 염소주입량 계산식

① 염소주입량(mg/L) = 염소요구량(mg/L) + 염소잔류량(mg/L)

② 염소주입총량(kg/day) = 염소주입량(kg/m^3) × 폐수량(m^3/day)

③ ppm = mg/L = g/m^3 이므로 mg/L × 10^{-3} = kg/m^3

★★ (5) 잔류성

① 잔류성 물질 : 염소화합물(Cl_2, HOCl, OCl^-, ClO_2 , 클로라민)

② 잔류성 없는 물질 : O_3(오존), UV(자외선)

2. 트리할로메탄(THM) 특징

★★★ (1) THM의 생성조건

① pH, 온도 및 전구물질의 농도가 증가할수록 생성량은 증가한다.

② 물속의 유기물질이 소독제로 사용되는 염소 또는 바닷물 중의 브롬과 반응하여 생성된다.

③ 여름철 장마시 숲속에서 휴믹물질이 상수원수로 유입될 때 다량 발생한다.

TIP

> THM의 증가조건
> 수온↑, pH↑, 접촉시간↑, 염소주입량↑

(2) 수돗물에서 생성된 트리할로메탄류는 대부분 클로로포름으로 존재한다.

★★ (3) 클로로포름(트리클로로메탄)은 THM의 75%을 차지한다.

(4) 대 책

① 전구물질 제거법 : 활성탄 흡착(용해성), 중간염소처리(용해성), 응집침전(콜로이드 형태)

② 소독방법전환 : 클로라민, O_3(오존), ClO_2(이산화염소), UV(자외선)

08 BIP와 BI

1. BIP(Biological Index of Pollution)

① $\text{BIP} = \dfrac{\text{무색 생물수}}{\text{전 생물수}} \times 100(\%)$

② 판정
- 깨끗한 물 : 0~2%
- 약간 오염된 물 : 10~20%
- 심하게 오염된 물 : 70~100%

2. BI(Biotix Index)

① $\text{BI} = \dfrac{2A + B}{A + B + C} \times 100(\%)$

A : 맑은 물에 존재하는 규조류
B : 광범위하게 나타나는 규조류
C : 오염된 물에 존재하는 규조류

② 판정
- 깨끗한 물 : 20% 이상
- 약간 오염된 물 : 11~19%
- 오염된 물 : 6~10%
- 심하게 오염된 물 : 5% 이하

09 유독성 단위(TU ; Toxic Unit)

$$\text{TU} = \frac{\text{환경수 중 오염물질 농도}}{\text{초기 TLm(96TLm)}}$$

Question 33

96TLm은 NH_3 = 2.5mg/L, Cu^{2+} = 1.5mg/L, CN^- = 0.2mg/L이고, 실제 시험수의 농도가 Cu^{2+} = 0.6mg/L, CN^- = 0.01mg/L, NH_3 = 0.4mg/L이였다면 Toxic Unit를 계산하시오.

풀이 $\text{유독성 단위(TU)} = \text{합}\left\{\dfrac{\text{실제 시험수의 농도}}{\text{96TLm}}\right\} = \dfrac{0.6\text{mg/L}}{1.5\text{mg/L}} + \dfrac{0.01\text{mg/L}}{0.2\text{mg/L}} + \dfrac{0.4\text{mg/L}}{2.5\text{mg/L}} = 0.61$

10 이온강도(Ⅰ)

① 이온강도(I)는 용액 중에 있는 이온의 전체농도를 나타내는 척도이다.

② $이온강도(I) = \dfrac{합\{M농도\times(가수)^2\}}{2}$

Question 34

0.02M－KBr과 0.03M－ZnSO₄ 용액의 이온강도를 계산하시오.

풀이

KBr	→	K^+	+	Br^-
0.02M		0.02M		0.02M
$ZnSO_4$	→	Zn^{2+}	+	SO_4^{2-}
0.03M		0.03M		0.03M

$$이온강도(I) = \frac{합\{몰수\times(가수)^2\}}{2} = \frac{1}{2}\{(0.02M\times1^2)+(0.02M\times1^2)+(0.03M\times2^2)+(0.03M\times2^2)\}$$

$$= 0.14$$

실전연습문제

01 Fungi가 심하게 번식하는 지대는? (단, Whipple의 4지대 기준)

㉮ 분해지대 ㉯ 활발한 분해지대
㉰ 회복지대 ㉱ 정수지대

풀이 Fungi가 심하게 번식하는 지대는 분해지대이다.

02 Wipple의 하천의 상태변화에 따른 4지대 구분 중 '분해지대'에 관한 설명으로 옳지 않은 것은?

㉮ 오염에 잘 견디는 곰팡이류가 심하게 번식한다.
㉯ 여름철 온도에서 DO 포화도는 45% 정도에 해당된다.
㉰ 탄산가스가 줄고 암모니아성 질소가 증가한다.
㉱ 유기물 혹은 오염물을 운반하는 하수거의 방출지점과 가까운 하류에 위치한다.

풀이 ㉰ 탄산가스가 증가하고, 용존산소량이 감소한다.

03 수중에 탄산가스 농도나 암모니아성 질소의 농도가 증가하며 Fungi가 사라지는 하천의 변화과정 지대는 어느 것인가? (단, Whipple의 4지대 기준)

㉮ 활발한 분해지대 ㉯ 점진적 분해지대
㉰ 분해지대 ㉱ 점진적 회복지대

풀이 ㉮ 활발한 분해지대에 대한 설명이다.

04 Whipple에 의한 하천의 자정단계 중 다음 설명에 해당하는 지대로 가장 적합한 것은?

> DO량이 증가하고, 각종 가스의 발생이 줄어들며, 질소는 NO_2^--N, NO_3^--N 형태로 존재한다. Fungi도 조금씩 발생하며, 바닥에서는 조개나 벌레의 유충이 번식하며 오염에 견디는 힘이 강한 생무지, 황어, 은빛 담수어 등의 물고기도 서식한다.

㉮ 분해지대 ㉯ 활발한 분해지대
㉰ 회복지대 ㉱ 정수지대

풀이 ㉰ 회복지대에 대한 설명이다.

정답 01 ㉮ 02 ㉰ 03 ㉮ 04 ㉰

05 회복지대의 특성에 관한 내용으로 틀린 것은 어느 것인가? (단, Whipple의 하천정화단계기준)

㉮ 용존산소량이 증가함에 따라 질산염과 아질산염의 농도가 감소한다.

㉯ 혐기성균이 호기성균으로 대체되며 Fungi도 조금씩 발생한다.

㉰ 광합성을 하는 조류가 번식하고 원생동물, 윤충, 갑각류가 번식한다.

㉱ 바닥에서는 조개나 벌레의 유충이 번식하며 오염에 견디는 힘이 강한 은빛 담수어 등의 물고기도 서식한다.

풀이 ㉮ 용존산소량이 증가함에 따라 질산염과 아질산염의 농도가 증가한다.

06 회복지대의 특성에 대한 설명으로 옳지 않은 것은? (단, Whipple의 하천정화단계 기준)

㉮ 용존산소량이 증가함에 따라 질산염과 아질산염의 농도가 감소한다.

㉯ 혐기성균이 호기성균으로 대체되며 Fungi도 조금씩 발생한다.

㉰ 광합성을 하는 조류가 번식하고 원생동물, 윤충, 갑각류가 번식한다.

㉱ 바닥에서는 조개나 벌레의 유충이 번식하며 오염에 견디는 힘이 강한 은빛 담수어등의 물고기도 서식한다.

풀이 ㉮ 용존산소가 포화될 정도로 증가하며 아질산염이나 질산염의 농도가 증가한다.

07 유기성 오수가 하천에 유입된 후 유하하면서 자정작용이 진행되어 가는 여러상태를 그래프로 표시하였다. (1) ~ (6) 그래프 각각이 나타내는 것을 순서대로 나열한 것은 어느 것인가?

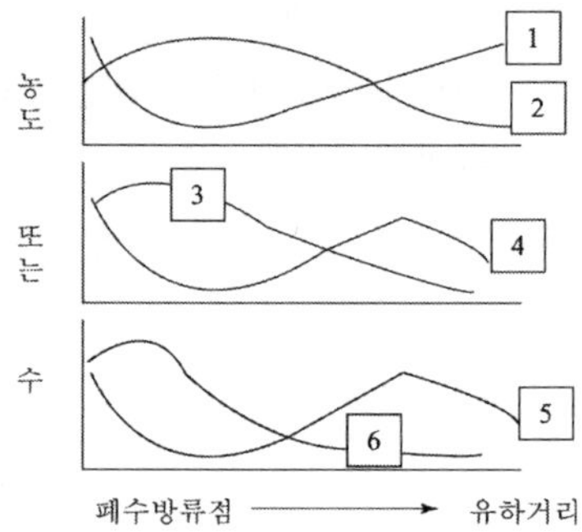

㉮ BOD, DO, NO_3-N, NH_3-N, 조류, 박테리아

㉯ BOD, DO, NH_3-N, NO_3-N, 박테리아, 조류

㉰ DO, BOD, NH_3-N, NO_3-N, 조류, 박테리아

㉱ DO, BOD, NO_3-N, NH_3-N, 박테리아, 조류

08 오염물질이 수중에서 확산 혼합되는 현상의 원인으로 틀린 것은 어느 것인가?

㉮ 브라운 운동

㉯ 난류

㉰ 수온에 의한 밀도류

㉱ 용존산소의 농도

풀이 ㉱ 용존산소의 농도는 수질오염의 정도를 나타낸다.

정답 05 ㉮ 06 ㉮ 07 ㉰ 08 ㉱

09 Streeter–Phelps 모델에 대한 설명으로 틀린 것은 어느 것인가?

㉮ 최초의 하천 수질 모델링이다.
㉯ 유속, 수심, 조도계수에 의한 확산계수를 결정한다.
㉰ 점오염원으로부터 오염부하량을 고려한다.
㉱ 유기물의 분해에 따라 용존산소 소비와 재폭기를 고려한다.

풀이 ㉯번의 설명은 QUAL- I 모델에 대한 설명이다.

10 수질 모델 중 Streeter & Phelps 모델에 관한 내용으로 옳은 것은?

㉮ 하천을 완전혼합흐름으로 가정하였다.
㉯ 하천에서의 산소변화를 단위 면적에 대한 물질수지 방정식으로 모델화하였다.
㉰ 조류 및 슬러지 퇴적물의 영향이 큰 균일한 단면의 하천에 적용된다.
㉱ 유기물의 분해와 재폭기만을 고려하였다.

풀이 Streeter & Phelps 모델의 특징
① 점오염원으로부터 오염부하량 고려
② 하천수질 모델링의 최초
③ 유기물 분해로 인한 용존산소 소비와 대기로부터 수면을 통해 산소가 재공급되는 재폭기 고려

11 하천수의 수질관리 모델인 Streeter–Phelps Model에 관한 설명으로 옳은 것은?

㉮ 하천과 대기의 열복사 및 열교환이 고려된다.
㉯ 점오염원이 아닌 비점오염원의 오염부하량을 고려한다.
㉰ 유기물의 분해에 따른 DO 소비와 재폭기를 고려한다.
㉱ 유속, 수심, 조도계수에 의해 확산계수를 결정한다.

12 하천의 수질모델인 DO Sag – Ⅰ · Ⅱ에 관한 설명으로 옳지 않은 것은?

㉮ 1차원 정상상태 모델이다.
㉯ 저질의 영향 및 광합성 작용에 의한 DO 반응을 고려한 모델이다.
㉰ 점오염원과 비점오염원이 하천의 DO에 미치는 영향을 나타낼 수 있다.
㉱ Streeter-Phelps식을 기본으로 한다.

풀이 ㉯ 저질의 영향과 광합성 작용에 의한 용존산소반응을 무시한다.

정답 09 ㉯ 10 ㉱ 11 ㉰ 12 ㉯

13 다음에서 설명하는 하천의 수질 모델링은 어느 것인가?

- 하천의 수리학적 모델, 수질모델, 독성물질의 거동모델 등을 고려할 수 있으며, 1차원, 2차원, 3차원까지 고려할 수 있음
- 수질항목간의 상태적 반응기작은 Streeter Phelps식부터 수정
- 수질에 저질이 미치는 영향을 보다 상세히 고려한 모델

㉮ QUAL-Ⅰ model ㉯ WQRRS model
㉰ QUAL-Ⅱ model ㉱ WASP5 model

풀이 ㉱ WASP5 model에 대한 설명이다.

14 PCBs에 관한 설명으로 틀린 것은?

㉮ 물에는 난용성이며 유기용제에 잘 녹는다.
㉯ 화학적으로 불활성이고 절연성이 좋다.
㉰ 만성 중독 증상으로 카네미유증이 대표적이다.
㉱ 고온에서 대부분의 금속과 합금을 부식시킨다.

풀이 ㉱ PCBs(폴리클로리네이티드비페닐)은 부식성이 거의 없다.

15 수질오염물질과 그로 인한 공해병의 연결이 틀린 것은 어느 것인가?

㉮ Hg : 미나마타병
㉯ Cr : 이따이이따이병
㉰ F : 반상치
㉱ PCB : 카네미유증

풀이 ㉯ Cd : 이따이이따이병

16 유해물질, 오염발생원과 인간에 미치는 영향에 대하여 연결이 잘못된 것은 어느 것인가?

㉮ 구리 - 도금공장, 파이프제조업 - 만성중독시 간경변
㉯ 시안 - 아연제련공장, 인쇄공업 - 파킨슨씨병 증상
㉰ PCB - 변압기, 콘덴서공장 - 카네미유증
㉱ 비소 - 광산정련공업, 피혁공업 - 피부흑색(청색)화

풀이 ㉯ 망간 - 광산, 합금, 유리착색공업 - 파킨슨씨병 증상

17 다음은 카드뮴에 관한 설명이다. ( ) 안에 옳은 내용은?

카드뮴은 화학적으로 ( )와(과) 유사한 특징을 가진 금속으로 천연에 있어서 카드뮴은 ( )광석과 같이 존재하는 것이 일반적이다.

㉮ 아연 ㉯ 망간
㉰ 주석 ㉱ 마그네슘

정답 13 ㉱ 14 ㉱ 15 ㉯ 16 ㉯ 17 ㉮

18 점오염원에 대한 설명으로 틀린 것은 어느 것인가?

㉮ 고농도의 하·폐수가 특정한 한 점에서 집중 배출되는 오염원이다.
㉯ 대체로 좁은 지역에서 발생하며 시간에 따른 수질의 변화가 있다.
㉰ 배출위치를 정확히 파악할 수 있다.
㉱ 강우시 집중적으로 발생하는 영양염류가 주요 오염물질이다.

풀이 ㉱는 비점오염원에 대한 설명이다.

19 탄광폐수가 하천이나 호수, 저수지에 유입되어 유발되는 오염의 형태로 틀린 것은 어느 것인가?

㉮ 부식성이 높은 수질이 될 수 있다.
㉯ 대체적으로 물의 pH를 낮춘다.
㉰ 비탄산경도를 높이게 된다.
㉱ 일시경도를 높이게 된다.

풀이 탄광폐수에는 산성물질이 많이 포함되어 있으므로 ㉮, ㉯, ㉰의 현상이 나타난다.

20 염소소독시 pH가 높을 때 가장 잘 일어나는 반응은 어느 것인가?

㉮ $HOCl \rightarrow H^+ + OCl^-$
㉯ $Cl_2 + H_2O \rightarrow HOCl + HCl$
㉰ $H^+ + OCl^- \rightarrow HOCl$
㉱ $HOCl + HCl \rightarrow Cl_2 + H_2O$

풀이 ㉮ pH가 높을 때 잘 일어나는 반응 : 살균효과 낮다.
㉯ pH가 낮을 때 잘 일어나는 반응 : 살균효과 높다.

21 음용수를 염소 소독할 때 살균력이 강한 것부터 순서대로 옳게 배열된 것은? (단, 강함 > 약함)

① HOCl ② OCl^- ③ Chloramine

㉮ ①>②>③　　㉯ ②>③>①
㉰ ②>①>③　　㉱ ①>③>②

풀이 살균능력은 클로라민 < OCl^- < HOCl 순이다.

22 분뇨 처리 후 방류수 잔류염소를 3mg/L로 하고자 한다. 하루 방류수 유량이 $1,600m^3$이고 염소요구량이 4mg/L라면 염소는 하루에 얼마나 필요(주입)한가?

㉮ 8.6kg/day　　㉯ 11.2kg/day
㉰ 14.3kg/day　　㉱ 18.6kg/day

풀이 ① 염소주입량 = 염소요구량+염소잔류량
= 3mg/L+4mg/L = 7mg/L
② 염소주입량(kg/day)
= 염소주입농도(kg/m^3)×유량(m^3/day)
= $7\times10^{-3}kg/m^3 \times 1,600m^3$/day
= 11.2kg/day

TIP
① ppm = mg/L = g/m^3
② mg/L×10^{-3} = kg/m^3

정답 18 ㉱ 19 ㉱ 20 ㉮ 21 ㉮ 22 ㉯

23 $60,000m^3/d$ 상수를 살균하기 위하여 30kg/d의 염소가 주입되고 있는데 살균 접촉 후 잔류염소는 0.2mg/L이다. 염소 요구량(농도)은?

㉮ 0.3mg/L ㉯ 0.4mg/L
㉰ 0.6mg/L ㉱ 0.8mg/L

풀이 염소주입량 = 염소요구량 + 염소잔류량
따라서 염소요구량 = 염소주입량 - 염소잔류량

$= \left(\frac{30kg/day}{60,000m^3/day} \times 10^3 \right) mg/L - 0.2mg/L$

$= 0.3mg/L$

TIP

① 총량(kg/day) = 농도(kg/m^3)×유량(m^3/day)

② 농도(kg/m^3) = $\frac{\text{총량}(kg/day)}{\text{유량}(m^3/day)}$

③ $kg/m^3 = g/L$이므로 $kg/m^3 \times 10^3 = mg/L$

24 시판되고 있는 액상 표백제는 8W/W(%) 하이포아염소산나트륨(NaOCl)을 함유한다. 표백제 3,000mL중의 NaOCl의 무게(g)는? (단, 표백제의 비중은 1.1이다.)

㉮ 254 ㉯ 264
㉰ 274 ㉱ 284

풀이 $NaOCl(g) = \frac{1.1g}{mL} \times 3000mL \times \frac{8g}{100g}$

$= 264g$

TIP

① 비중 1.1은 1.1g/mL와 같다.

② 8W/W(%)에서 W는 중량을 나타내므로 $\frac{8g}{100g}$과 같다.

25 하천의 수질이 다음과 같을 때 이 물의 이온강도는 얼마인가? (단, $Ca^{2+} = 0.02M$, $Na^+ = 0.05M$, $Cl^- = 0.02M$)

㉮ 0.055 ㉯ 0.065
㉰ 0.075 ㉱ 0.085

풀이 이온강도(I) = $\frac{1}{2}$ [합{이온의 몰수×(이온의 가수)^2]

$= \frac{1}{2} \{(0.02M \times 2^2) + (0.05M \times 1^2) + (0.02M \times 1^2)\}$

$= 0.075$

TIP

이온강도(I) : 용액중에 있는 이온의 전체농도를 나타내는 척도

26 0.25M $MgCl_2$ 용액의 이온강도는? (단, 완전 해리 기준)

㉮ 0.45 ㉯ 0.55
㉰ 0.65 ㉱ 0.75

풀이 이온강도(I)는 용액에 들어있는 이온의 전체농도를 나타내는 척도이다.

$MgCl_2 \rightarrow Mg^{2+} + 2Cl^-$

0.25M 0.25M 2×0.25M

이온강도(I) = $\frac{\text{합\{이온의 몰수×(이온가수)}^2\}}{2}$

$= \frac{(0.25M \times 2^2) + (2 \times 0.25M \times 1^2)}{2}$

$= 0.75$

정답 23 ㉮ 24 ㉯ 25 ㉰ 26 ㉱

Chapter 07

호소수의 수질관리

01 호수의 수질관리

1. 호수의 특징

① 심수층은 혐기성 미생물의 증식으로 유기물이 분해되어 수질이 나빠진다.

② 봄과 가을에는 일정한 방향을 가진 흐름은 없으나 밀도변화에 의한 수직운동이 일어난다.

③ 표수층에서 조류의 활발한 광합성 활동시 호수의 pH는 8~9 혹은 그 이상을 나타낼 수 있다.

④ 수심별 전기전도도의 차이는 수온의 효과와 용존된 오염물질의 농도차로 인한 결과이다.

⑤ 표수층에서 조류의 활발한 광합성 활동시에는 무기탄소원인 HCO_3^-나 CO_3^{2-}을 흡수하고 OH^-를 내보낸다.

⑥ 일반적으로 수온 1℃ 상승에 대하여 전도율은 2% 정도 증가한다.

⑦ 여름정체기간 중 호수의 깊이에 따른 CO_2와 DO 농도 변화를 살펴보면 CO_2 농도와 DO농도가 같은 지점(깊이)이 존재한다.

2. 하천이나 호수의 심층에서 미생물의 작용

① 수중의 유기물은 분해되어 일부가 세포합성이나 유지대사를 위한 에너지원이 된다.

② 호수심층에 산소가 없을 때 질산이온을 전자수용체로 이용하는 종속영양 세균인 탈질화세균이 많아진다.

③ 어느 정도 유기물이 분해된 하천의 경우 조류 발생이 증가할 수 있다.

★★★ 3. 깊은 호수나 저수지에서 수면으로부터 성층구분

epilimnion(순환층) → thermocline(수온약층, 변온층) → hypolimnion(심수층) → 침전물층

4. 호수나 저수지 등 정체된 수역의 오염도(유기물량)를 BOD값보다 COD값으로 나타내는 이유는 조류의 양을 고려할 수 있기 때문이다.

5. 전기전도도

물이 함유하고 있는 이온 용해염의 농도를 종합적으로 표시하는 것으로 수온, pH와 호수 내수계의 구분이나 성층구조현상, 수질의 연속적 변화양상 등을 쉽게 파악할 수 있는 지표

① 수용액의 전기전도도는 수중에 녹아 있는 이온의 양과 각 이온의 전기를 운반하는 속도에 지배된다.
② 같은 물질이라도 측정온도가 다르면 전기전도도가 다르다.
③ 전하를 띠지 않는 물질은 물에 많이 녹아 있어도 전기전도도에 영향을 주지 않는다.
④ 전기전도도는 전기저항의 역수 ohm^{-1} 또는 mho로 나타내나 현재는 국제적으로 S(Siemens) 단위를 사용한다.
⑤ 함유이온이나 염의 농도를 종합적으로 표시하는 지표이다.
⑥ 하구와 같이 담수와 해수가 혼합되어 있어 그 분포를 해석함에 있어 전도도 조사가 좋다.
⑦ 증류수나 탈이온화수의 광물함량도의 평가에 이용된다.
⑧ 물이 함유하고 있는 이온 용해염의 농도를 종합적으로 표시하는 지표이다.
⑨ 호수내 수계의 구분이나 성층구조현상, 수질의 연속적 변화 양상 등을 쉽게 파악할 수 있는 지표이다.
⑩ 오염원의 유입과정을 추정하는 경우 전기전도도의 크기는 전해질 이온 농도에 비례하므로 도시하천에서 오염정도를 비교할 수 있다.
⑪ 시료를 측정하는 경우 중금속에 오염된 시료의 전기전도도를 사전에 측정하여 시료의 희석 배율을 구할 수 있다.

02 성층현상 및 전도현상

1. 호소에서 성층현상 및 전도현상

① 수온에 따라 표수층, 수온약층, 심수층의 성층을 이룬다.
② 하층의 물은 표층으로 잘 순환(turn over)되지 않고 수직운동은 상층에만 국한한다.
③ 수온약층은 표수층에 비하여 수심에 따른 온도차이가 크다.

④ 성층현상 및 전도현상은 수심에 따른 온도변화로 인해 발생되는 물의 밀도차에 의해 일어난다.

⑤ 겨울에는 호수바닥의 물이 최대 밀도를 나타내게 된다.

⑥ 성층현상 ┌ 강한 성층 : 여름철
　　　　　 └ 약한 성층 : 겨울철

⑦ 겨울과 여름에는 수직혼합이 없어 정체현상이 생기며 수심에 따라 온도와 용존산소농도 차이가 크고 겨울보다 여름이 정체가 더 뚜렷이 생긴다.

⑧ 호소의 성층현상은 기후특성, 호소저수용량에 따른 유입유출량의 크기, 호수의 크기 등 다양한 환경인자에 의해 영향을 받는다.

⑨ 봄철 기온이 높고 바람이 약할 경우에는 성층이 늦게 이루어진다.

⑩ 봄, 가을에는 저수지의 수직혼합이 활발하여 분명한 열 밀도층의 구별이 없어진다.

⑪ 전도현상은 봄과 가을에 발생한다.

⑫ 봄철 전도현상은 표수층의 수온이 높아지기 시작하고 4℃가 되면 최대의 밀도를 가짐으로써 표수층의 물이 아래로 이동하게 되고 상대적으로 심수층 물이 표수층으로 이동하게 되어 일어난다.

⑬ 가을철 전도현상은 표수층의 수온이 점차 감소되기 시작하고 밀도는 증가하기 시작한다. 표수층의 수온이 심수층의 수온과 비슷해지면 바람에 의해서도 표수층의 물이 아래로 이동하고 심수층의 물이 표수층으로 이동하게 되어 발생한다.

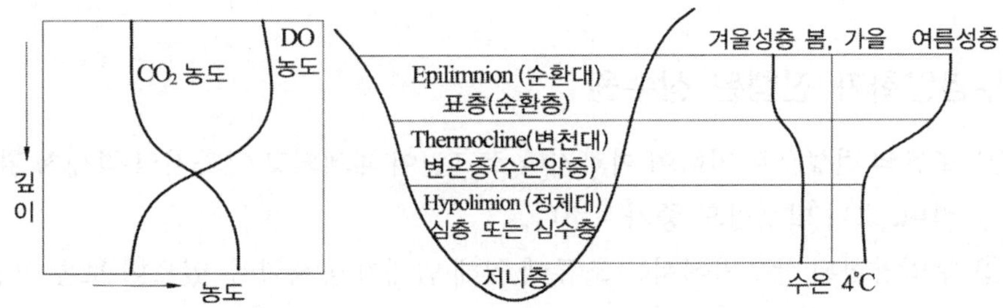

호소의 구분 및 성층현상과 CO_2 농도와 DO 농도

03 호수의 부영양화

1. 호소수에서 발생되는 부영양화

① 투명도를 기준으로 부영양화의 정도를 지수로 평가하는 대표적인 방법은 칼슨지수이다.
② 부영양화평가모델은 인(P) 부하모델인 Vollenweider모델과 P－엽록소 모델인 사카모토모델 등이 대표적이다.
③ 특정조류의 이상적 번식으로 불꽃현상이 일어나며 한번 발생하면 수일 사이에 급격히 소멸된다. (여기서 불꽃현상은 수화현상이라고도 하며 특정수역에서 조류가 대량 증식하여 물색을 변화시키는 현상을 말한다.)
④ 부영양화가 급속하게 진행되면 호수는 가속적으로 얕아지게 되고 결국 늪지대로 변한 뒤 소멸하게 된다.
⑤ Carlson은 투명도와 클로로필－a의 농도, 총인의 농도 중 어느 한 항목만을 측정하여도 각각의 부영양화 지수로 표시할 수 있도록 하였다.
⑥ 부영양화 메카니즘은 COD의 내부생산과 영양염의 재순환이라 할 수 있다.
⑦ 질소, 인 등의 영양물질의 유입에 의하여 발생된다.
⑧ 부영양화에서 주로 문제가 되는 조류는 남조류이다.
⑨ 성층, 전도현상에 의하여 부영양화가 촉진된다.

2. 부영양화가 진행된 상수원

① 조류의 번성으로 인하여 여과지나 스크린이 폐쇄되고 여과지의 역세척 횟수를 증가시키며, 오니 발생량도 증가시킨다.
② 부영양화된 상수원에서는 조류에 의해 냄새가 발생할 수 있으며 보통 비린내, 흙냄새, 곰팡이 냄새 등이 발생한다.
③ 부영양화된 호수에서 취수한 상수원수는 현탁오염물질, 미량의 부식물질 등이 많아 타 수원에 비해 응집처리가 용이하지 못하다.
④ 부영양화란 1차 생산자인 식물성 플랑크톤의 생산량이 증가되는 현상이고 이를 먹이로 하는 동물성 플랑크톤, 어류 등의 생산량을 증대시킬 수 있다.

3. 부영양화 현상의 억제 방법

① 비료나 합성세제의 사용을 줄인다.
② 축산폐수의 유입을 막는다.
③ 과잉 번식된 조류는 황산동($CuSO_4$)을 살포하여 제거 또는 억제할 수 있다.
④ 하수처리장에서 질소와 인을 제거하기 위해 고도처리 공정을 도입하여 질소, 인의 호소 유입을 막는다.

4. 칼슨지수

칼슨에 의해 개발되어 칼슨지수라고 하는데 칼슨지수는 경험적으로 만든 연속적인 부영양화 지수이다.

★★★ (1) Carlson 지수 산정시 적용되는 Parameter

① 클로로필－a(chl－a)
② T－P(총인)
③ 투명도(SD)

(2) 부영양화 단계를 예측하는 모델

① 인(P) 부하모델 : Vollenweider 모델
② 인(P)－엽록소 모델 : Larsen & Mercier모델, Dillan모델, 사카모토 모델

5. Vollenweider(볼렌와이더)가 제안한 영양물질 수지모델(호소의 부영양화 예측 모델)에서 고려 사항

① 방류 유량
② 침전율 계수
③ 호수의 체적

★★★ 6. Vollenweider model

호수에 부하되는 인산량을 적용하여 대상 호수의 영양상태를 평가, 예측하는 모델 중 호수 내의 인의 물질수지 관계식을 이용하여 평가하는 방법이다.

제7장 호소수의 수질관리

실전연습문제

01 깊은 호수나 저수지의 수직방향의 물 운동이 없을 때 생기는 성층현상(成層現象)의 성층구분 순서로 맞는 것은? (단, 수표면으로부터)

㉮ Epilimnion → Thermocline → Hypolimnion → 침전물층
㉯ Epilimnion → Hypolimnion → Thermocline → 침전물층
㉰ Hypolimnion → Thermocline → Epilimnion → 침전물층
㉱ Hypolimnion → Epilimnion → Thermocline → 침전물층

풀이 깊은 호수나 저수지에서 수면으로부터 성층구분 epilimnion(순환층) → thermocline(수온약층, 변온층) → hypolimnion(심수층) → 침전물층

02 성층현상이 있는 호수에서 수심에 따라 수온차이가 가장 크게 나타나는 층은?

㉮ epilimnion ㉯ thermocline
㉰ 침전물층 ㉱ hypolimnion

풀이 ㉯ 수심에 따라 수온차이가 가장 크게 나타나는 층은 thermocline(수온약층, 변온층)이다.

03 여름철 정체 수역에서 발생되는 성층현상에서 수온약층(Thermocline)의 위치는?

㉮ 수표면과 표수층 사이
㉯ 표수층 내 위쪽
㉰ 심수층 내 아래쪽
㉱ 표수층과 심수층사이

풀이

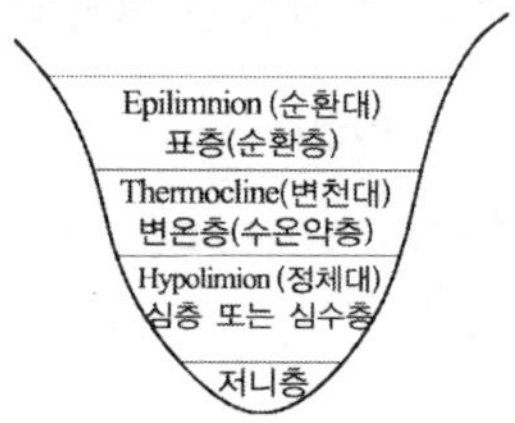

04 여름철 부영양화된 호수나 저수지에서 다음과 같은 조건을 나타내는 수층으로 가장 적절한 것은?

> [조건]
> ① pH는 약산성이다.
> ② 용존산소는 거의 없다.
> ③ CO_2는 매우 많다.
> ④ H_2S가 검출된다.

㉮ 성층 ㉯ 수온약층
㉰ 심수층 ㉱ 혼합층

풀이 심수층에 대한 설명이다.

정답 01 ㉮ 02 ㉯ 03 ㉱ 04 ㉰

05 호소에서 나타나는 현상에 대한 내용으로 알맞은 것은 어느 것인가?

㉮ 겨울철 심수층은 혐기성 미생물의 증식으로 유기물이 적정하게 분해되어 수질이 양호하게 된다.
㉯ 봄, 가을에는 물의 밀도 변화에 의한 전도현상(Turn over)이 일어난다.
㉰ 깊은 호수의 경우 여름철의 심수층 수온변화는 수온약층보다 크다.
㉱ 여름철에는 표수층과 심수층 사이에 수온의 변화가 거의 없는 수온약층이 존재한다.

풀이 ㉮ 겨울철 심수층은 혐기성 미생물의 증식으로 유기물의 분해가 느려 수질이 나쁘다.
㉰ 깊은 호수의 경우 여름철의 심수층 수온변화는 수온약층보다 작다.
㉱ 여름철에는 표수층과 심수층 사이에 수온의 변화가 심한 수온약층이 존재한다.

06 호수나 저수지를 상수원으로 사용할 경우 전도(turn over)현상으로 수질 악화가 우려 되는 시기는?

㉮ 봄과 여름 ㉯ 봄과 가을
㉰ 여름과 겨울 ㉱ 가을과 겨울

풀이 전도현상은 봄과 가을에 발생하고, 성층현상은 여름과 겨울에 발생한다.

07 수심이 깊은 호소에서 발생하는 성층현상에 대한 내용으로 틀린 것은 어느 것인가?

㉮ 봄이 되면 얼음이 녹으면서 표수층의 수온이 올라가 4℃가 되면 최대밀도를 가지게 되어 아래로 이동하게 된다.
㉯ 수온약층은 표수층에 비하여 수심에 따른 수온차이가 작다.
㉰ 여름과 겨울에는 성층현상이 가을과 봄에는 전도현상이 나타난다.
㉱ 호소의 성층현상은 기후특성, 호수저수용량에 따른 유입유출량의 크기, 호수의 크기 등 다양한 환경인자에 의해 영향을 받는다.

풀이 ㉯ 수온약층은 표수층에 비하여 수심에 따른 수온차이가 크다.

08 호소의 성층현상에 대한 내용으로 틀린 것은 어느 것인가?

㉮ 여름에는 연직 온도경사는 DO구배와 같은 모양을 나타낸다.
㉯ 겨울이 여름보다 수심에 따른 수온차가 더 커져 호소는 더욱 안정된 성층현상이 일어난다.
㉰ 봄과 가을에 수직적으로 전도현상이 일어난다.
㉱ 계절의 변화에 따라 수온차에 의한 밀도차로 수층이 형성된다.

풀이 ㉯ 여름이 겨울보다 수심에 따른 수온차가 더 커져 호소는 더욱 안정된 성층현상이 일어난다.

정답 05 ㉯ 06 ㉯ 07 ㉯ 08 ㉯

09 호소의 성층현상에 관한 설명으로 옳지 않는 것은?

㉮ 호소의 정체층이 수심에 따라 3개의 층, 즉 표층부, 변환부, 심층부로 분리되는 현상이 성층현상이다.

㉯ 겨울이 여름보다 수심에 따른 수온차가 더 커져 호소는 더욱 안정된 성층현상이 일어난다.

㉰ 수표면의 온도가 4℃인 이른 봄과 늦은 가을에 수직적으로 전도현상이 일어난다.

㉱ 계절의 변화에 따라 수온차에 의한 밀도차로 수층이 형성된다.

풀이 ㉯ 여름이 겨울보다 수심에 따른 수온차가 더 커져 호소는 더욱 안정된 성층현상이 일어난다.

10 다음은 부영양화에 대한 설명이다. 알맞은 것은 어느 것인가?

㉮ 호수의 부영양화 현상은 호수의 온도성층에 의해 크게 영향을 받는다.

㉯ 식물성플랑크톤의 생장에 제한하는 요소가 되는 영양식물은 질소와 인이며 이 중 질소가 더 중요한 제한물질이다.

㉰ 부영양화는 비옥한 평야나 산간에 많이 위치하며 호수는 수심이 깊고 식물성 플랑크톤의 증식으로 녹색 또는 갈색으로 흐리다.

㉱ 부영양화에 큰 영향을 미치는 질소와 인은 상대적인 비율 조성이 매우 중요한데, 일반적으로 식물성플랑크톤이나 수초생체의 N : P의 비율은 중량비로서 16 : 1로 일정하게 유지되어야 한다.

풀이 ㉯ 식물성플랑크톤의 생장에 제한하는 요소가 되는 영양식물은 질소와 인이며 이 중 인이 더 중요한 제한물질이다.

㉰ 부영양화는 비옥한 평야나 분지에 많이 위치하며, 호수는 수심이 얕고 식물성 플랑크톤의 증식으로 녹색 또는 갈색으로 흐리다.

㉱ 부영양화에 큰 영향을 미치는 질소와 인은 상대적인 비율 조성이 매우 중요한데, 일반적으로 식물성플랑크톤이나 수초생체의 N : P의 비율은 중량비로서 1 : 16으로 일정하게 유지되어야 한다.

11 부영양화의 방지 대책과 가장 거리가 먼 것은?

㉮ N, P 유입을 방지하여야 한다.

㉯ 조류의 번식을 방지하기 위해 $CaCO_3$를 살포한다.

㉰ 포기(aeration)등의 방법으로 저산소층을 제거한다.

㉱ 영양염류를 침전시키고 이 침전물질을 불활성화시켜야 한다.

풀이 ㉯ 조류의 번식을 방지하기 위해 황산동($CuSO_4$)을 살포한다.

12 다음 중 부영양화 단계를 예측하는 대표적인 모델로 가장 거리가 먼 것은?

㉮ Streeter-Phelps

㉯ Dillan

㉰ Larsen & Mercier

㉱ Vollenweider

풀이 ㉮ Streeter-Phelps모델은 최초의 하천모델링의 종류이다.

정답 09 ㉯ 10 ㉮ 11 ㉯ 12 ㉮

Chapter 08 해수의 수질관리

01 해수의 특성

★★★★ 1. 해수의 특징

① 해수는 pH 약 8.2 정도로 약알칼리성이며 강전해질로 1리터당 35g의 염분을 함유한다.
② 해수의 밀도는 염분, 수온, 수압의 함수로 수심이 깊을수록 증가한다.
③ 해수내 전체 질소 중 약 35% 정도는 암모니아성 질소와 유기질소의 형태이다.
④ 해수의 Mg/Ca 비는 3~4 정도로 담수에 비하여 크다.
⑤ 중요한 화학적 성분 7가지(Holy seven)는 Cl^-, Na^+, SO_4^{2-}, Mg^{2+}, Ca^{2+}, K^+, HCO_3^-이다.
⑥ 해수의 주요성분 농도비는 항상 일정하다.
⑦ 해수는 HCO_3^-[bicarbonate : 중탄산염]를 포함시킨 상태로 되어 있다. (bicarbonate의 완충용액이다)
⑧ 염분은 통상 천분율로 표시한다.
⑨ 염분농도순서는 중위도 〉 적도 〉 극지방 순서이다.
⑩ 염분은 적도 해역에서는 높고 남극과 북극 해역에서는 다소 낮다.
⑪ 해수는 염분 외에 온도만 측정하면 해수의 비중을 알 수 있다.

2. 해수의 염분 특징

① 해수 중 염소이온 농도는 일반적으로 19000ppm 정도이다.
② 염분이란 해수 중 녹아 있는 무기 전해질의 양을 말한다.
③ 해수의 염분농도는 35‰이다.
④ 수심이 깊어짐에 따라 염분농도가 낮아진다.

3. 해수의 성질

① 해수의 수온도 호수와 마찬가지로 표수층, 수온약층, 심수층으로 구분이 가능하다.
② 해수의 염분농도는 평균 35‰정도로 표층수는 증발과 강우에 의해, 대륙연안은 하천수의 유입 때문에, 극지방에서는 얼음이 녹거나 얼 때 영향을 받는다.
③ 위도에 따른 염분분포는 증발량이 강우량보다 많은 무역풍대지역에서 염분이 가장 높고, 강우량이 많은 적도지역에서 염분이 낮다.
④ 해수의 영양염류 특성은 표층수에서는 영양염류의 농도가 낮고, 광합성이 이루어지지 않는 심층수에서는 영양염류 농도가 높다.

4. 해수에서 영양염류가 수온이 낮은 곳에 많고 수온이 높은 지역에서 적은 이유

① 수온이 낮은 바다의 표층수는 원래 영양염류가 풍부한 극지방의 심층수로부터 기원하기 때문이다.
② 수온이 높은 바다의 표층수는 적도 부근의 표층수로부터 기원하므로 영양염류가 결핍되어 있다.
③ 수온이 높은 바다는 수계의 안정으로 수직혼합이 일어나지 않아 표층수의 영양염류가 플랑크톤에 의해 소비되기 때문이다.

★★5. 해류의 원인

① tidal current(조류) : 태양과 달의 영향으로 발생된다.
② tsunamis(쓰나미) : 지진이나 화산에 의해 발생된다.
③ upwelling(용승류) : 바람과 해양 및 육지의 상호작용으로 형성되는 상승류이다.
④ 심해류 : 해수의 온도와 염분에 의한 밀도차에 의하여 발생된다.

02 적조현상

1. 적조현상의 특징

① 여름철 홍수시로 인한 염분농도가 감소된 정체된 해역에서 주로 발생된다.

② 고밀도로 존재하는 적조 생물의 호흡에 의해 수중 용존산소를 소비하여 수중의 다른 생물의 생존이 어렵다.

③ upwelling 현상(용승현상)이 원인이 되는 경우가 있다.

④ 적조생물 중 독성을 갖는 편모조류가 치사성의 독소를 분비, 어패류를 폐사시킨다.

⑤ 높은 광도에서는 잘 증식하고 낮에는 해수표면에 밤에는 해저로 이동하는 특징이 있는 편모조류가 우점종일 경우가 많다.

⑥ 적조의 피해는 적조생물의 독소에 의한 중독현상과 해수 중의 용존산소 결핍에 따른 질식현상으로 구별할 수 있다.

⑦ 적조발생시 점토를 살포하는 것은 콜로이드 입자가 해수 중의 현탁물질을 응집, 흡착하는 성질과 점토성분 중 알루미늄 이온의 적조생물 구제효과를 이용하는 방법이다.

⑧ 플랑크톤의 증식을 위해 햇빛이 강하고 수온이 높을 때 많이 발생한다.

⑨ 질소, 인 등의 영양분이 풍부하고 규소, 칼슘, 마그네슘 등의 영양염과 더불어 미량의 금속, 비타민 등이 존재할 때 많이 발생한다.

★★★ 2. 적조발생 조건

① 해류의 정체(물의 이동이 적은 정체수역)

② 염분 농도의 감소

③ 수온의 상승

④ 영양염류의 증가

⑤ 햇빛이 강할 때

⑥ 플랑크톤 농도의 증가

⑦ 하천 유입수의 오염도 증가

3. 조류제거를 위하여 살포하는 황산동의 투입량 결정시 고려되는 인자

① pH

② 수온

③ 알칼리도

4. 적조현상의 주원인이 되는 조류를 제거하기 위한 방법으로 황산동을 주입하는 화학적인 방법을 사용하기도 한다. 알칼리도가 40ppm 이하일 경우 주입되는 황산동의 농도는 0.2~0.5ppm이다.

5. 적조에 의해 어패류가 폐사하는 원인

① 적조생물에 포함된 치사성의 유독물질로 인해 폐사한다.

② 적조생물의 급속한 사후분해에 의해 용존산소(DO)가 소비되면서 황화수소나 부패독과 같은 유해물질로 인해 폐사한다.

③ 적조생물이 아가미 등에 부착되어 질식사 한다.

④ 수면의 적조생물막에 의한 산소차단 현상으로 인한 대사기능 저하로 폐사한다.

실전연습문제

01 해수의 특성에 관한 설명으로 옳지 않은 것은?

㉮ 해수의 밀도는 1.5~1.7g/cm^3 정도로 수심이 깊을수록 밀도는 감소한다.
㉯ 해수는 강전해질이다.
㉰ 해수의 Mg/Ca비는 3~4 정도이다.
㉱ 염분은 적도해역보다 남·북극의 양극 해역에서 다소 낮다.

풀이 ㉮ 해수의 밀도는 염분, 수온, 수압의 함수로 수심이 깊을수록 증가한다.

02 다음 중 해수에 관한 설명으로 옳지 않은 것은?

㉮ 해수의 Mg/Ca 비는 담수에 비하여 크다.
㉯ 해수의 밀도는 수온, 수압, 수심 등과 관계없이 일정하다.
㉰ 염분은 적도해역에서 높고 남북 양극 해역에서 낮다.
㉱ 해수 내 전체질소 중 35% 정도는 암모니아성 질소, 유기질소 형태이다.

풀이 ㉯ 해수의 밀도는 수온, 수압, 수심의 함수로 수심이 깊을수록 증가한다.

03 해수의 특징으로 옳지 않은 것은?

㉮ 해수의 [칼슘/마그네슘]비는 3~4 정도로 담수에 비하여 높다.
㉯ 염분은 극해역에서는 낮고 적도해역에서는 다소 높다.
㉰ 해수의 주요성분 농도비는 일정하다.
㉱ 해수의 pH는 8.2 정도이며 밀도는 수심이 깊을수록 증가한다.

풀이 ㉮ 해수의 [마그네슘/칼슘]비는 3~4 정도로 담수에 비하여 높다.

04 해수의 특성에 대한 내용 중 옳지 않는 것은?

㉮ 해수에서의 질소분포 형태는 NO_2^--N, NO_3^--N 형태로 65% 정도 존재한다.
㉯ 해수의 pH는 8.2로 약알칼리성이다.
㉰ 일출시 생물의 탄소동화작용으로 해수 표면의 CO_2농도가 급증한다.
㉱ 해수의 밀도는 1.02~1.07g/cm^3 범위로서 수온, 염분, 수압의 함수이다.

풀이 ㉰ 일출시 생물의 탄소동화작용으로 해수 표면의 CO_2 농도가 감소한다.

정답 01 ㉮ 02 ㉯ 03 ㉮ 04 ㉰

05 해수에 관한 설명으로 옳은 것은?

㉮ 해수의 밀도는 담수 보다 작다.
㉯ 염분은 적도해역에서 높고, 남·북 양극 해역에서 다소 낮다.
㉰ 해수의 Mg/Ca비는 담수의 Mg/Ca비 보다 작다.
㉱ 수심이 깊을수록 해수 주요 성분 농도비의 차이는 줄어든다.

풀이 ㉮ 해수의 밀도는 담수 보다 크다.
㉰ 해수의 Mg/Ca비는 담수의 Mg/Ca비 보다 크다.
㉱ 해수 주요 성분 농도비는 항상 일정하다.

06 해수의 특성에 관한 설명으로 옳은 것은?

㉮ 해수 내 아질산성 질소와 질산성 질소는 전체 질소의 약 35%이며 나머지는 암모니아성 질소와 유기질소의 형태이다.
㉯ 해수의 pH는 7.3~7.8 정도이며 탄산염의 완충용액이다.
㉰ 해수의 주요성분 농도비는 일정하다.
㉱ 해수는 약전해질로 평균 35% 정도의 염분농도를 함유한다.

풀이 ㉮ 해수내 전체 질소 중 약 35% 정도는 암모니아성 질소와 유기질소의 형태이다.
㉯ 해수의 pH는 8.2 정도로 약알칼리성이며 중탄산염(HCO_3^-)의 완충용액이다.
㉱ 해수는 강전해질로 평균 35‰ 정도의 염분을 함유한다.

07 해수의 함유성분 중 "holy seven"에 해당하지 않는 것은 어느 것인가?

㉮ HCO_3^- ㉯ SO_4^{2-}
㉰ PO_4^{2-} ㉱ K^+

풀이 Holy seven에는 Cl^-, Na^+, SO_4^{2-}, Mg^{2+}, Ca^{2+}, K^+ HCO_3^-가 있다.

08 해수의 주요성분 중 Cl^-, Na^+ 다음으로 가장 많이 함유되어 있는 이온은 어느 것인가?

㉮ SO_4^{2-} ㉯ HCO_3^-
㉰ Ca^{2+} ㉱ K^+

09 해수의 온도와 염분의 농도에 의한 밀도차에 의해 형성되는 해류는?

㉮ 조류(tidal current)
㉯ 쓰나미(tsunami)
㉰ 심해류(deep ocean current)
㉱ 상승류(upwelling)

풀이 ㉮ 조류(tidal current) : 태양과 달의 영향
㉯ 쓰나미(tsunami) : 지진이나 화산활동
㉰ 심해류(deep ocean current) : 해수의 온도와 염분에 의한 밀도차
㉱ 상승류(upwelling) : 바람과 해양 및 육지의 상호작용

정답 05 ㉯ 06 ㉰ 07 ㉰ 08 ㉮ 09 ㉰

10 적조에 의해 어패류가 폐사하는 원인으로 가장 거리가 먼 것은?

㉮ 수면의 적조생물막에 의한 광차단현상으로 인한 대사기능 저하로 폐사한다.
㉯ 적조생물에 포함된 치사성의 유독물질로 인해 폐사한다.
㉰ 적조생물의 급속한 사후분해에 의해 DO가 소비되면서 황화수소나 부패독과 같은 유해 물질로 인해 폐사한다.
㉱ 적조생물이 아가미 등에 부착되어 질식사 한다.

풀이 ㉮ 수면의 적조생물막에 의한 산소차단현상으로 인한 대사기능 저하로 폐사한다.

11 정체해역에 조류 등이 이상 증식하여 해수의 색을 변색시키는 현상을 적조 현상이라 한다. 이때 어류가 죽는 원인과 가장 거리가 먼 것은?

㉮ 플랑크톤의 이상증식은 해수 중의 DO를 고갈시킨다.
㉯ 독성을 가진 플랑크톤에 의해 어류가 폐사한다.
㉰ 적조현상에 의한 수표면 수막현상으로 인해 어류가 폐사한다.
㉱ 이상 증식한 플랑크톤이 어류의 아가미에 부착되어 호흡장애를 일으킨다.

12 다음 중 적조 발생의 환경적 요인과 가장 거리가 먼 것은?

㉮ 바다의 수온구조가 안정화되어 물의 수직적 성층이 이루어질 때
㉯ 플랑크톤의 번식에 충분한 광량과 영양염류가 공급될 때
㉰ 태풍 등으로 급격하게 수역의 정체가 파괴되었을 때
㉱ 해저에 빈산소 수괴가 형성되어 포자의 발아 촉진이 일어나고 퇴적층으로부터 부영양화의 원인물질이 용출될 때

풀이 ㉰ 물의 이동이 적은 정체수역에서 잘 발생한다.

13 적조 발생지역과 가장 거리가 먼 것은?

㉮ 정체 수역
㉯ 질소, 인 등의 영양염류가 풍부한 수역
㉰ upwelling 현상이 있는 수역
㉱ 갈수기시 수온, 염분이 급격히 높아진 수역

풀이 ㉱ 여름철 홍수시로 인한 염분농도가 감소된 정체된 해역에서 주로 발생한다.

14 연안해역에서 적조현상의 원인이 되는 조건과 가장 거리가 먼 것은?

㉮ 수온이 높을 때
㉯ 햇빛이 강할 때
㉰ 영양염류가 과다 유입될 때
㉱ 염분농도가 높을 때

풀이 ㉱ 염분의 농도가 낮을 때

정답 10 ㉮ 11 ㉰ 12 ㉰ 13 ㉱ 14 ㉱

Chapter 09

수질오염개론 공식정리

01 수질오염개론 주요공식

(1) Monod식에 의한 세포의 비증식 속도 계산식

$$\mu = \mu_{max} \times \frac{S}{Ks + S}$$

- μ : 세포의 비증식 계수(/hr)
- μ_{max} : 세포의 최대 비증식 계수(/hr)
- S : 제한기질의 농도(mg/L)
- Ks : 반포화 농도(즉, $\mu = \frac{1}{2}\mu_{max}$일 때 제한기질의 농도(mg/L))

(2) 1차 반응식

$$\ln\frac{C_t}{C_o} = -k \times t$$

- C_t : t시간 후의 농도(mg/L)
- C_o : 초기농도(mg/L)
- k : 상수(/hr)
- t : 시간(hr)

(3) 반감기 사용(1차 반응식에서)

$$\ln\frac{C_t}{C_o} = -k \times t \xrightarrow[C_t = 1/2C_o]{\text{반감기}} \ln\frac{1}{2} = -k \times t$$

(4) 완전혼합형(CFSTR) 반응조에서 1차 반응식

① K(상수)가 없거나 희석만 고려할 경우

$$\ln\frac{C_t}{C_o} = -\left(\frac{Q}{V}\right) \times t$$

② K(상수)가 주어진 경우

$Q(C_o - C_t) = k \times V \times C_t$

(5) 플러그반응조(PFR)에서 1차 반응식

$$\ln \frac{C_t}{C_o} = -k \times \left(\frac{V}{Q}\right) \text{ 또는 } \ln \frac{C_t}{C_o} = -\left(\frac{Q}{V}\right) \times t$$

C_o : 초기농도(mg/L)
C_t : t시간 후의 농도(mg/L)
k : 상수(/hr)
V : 체적(m^3)
Q : 유량(m^3/hr)

(6) 산소부족농도 계산식

$$D_t(\text{산소부족농도}) = \frac{k_1 \times L_o}{k_2 - k_1} \times (10^{-k_1 \times t} - 10^{-k_2 \times t}) + D_o \times (10^{-k_2 \times t})$$

k_1 : 탈산소계수(/day)
k_2 : 재포기계수(/day)
L_o : 최종 BOD(= BOD_u)(mg/L)
D_o : 초기산소부족량(mg/L)
D_o = Cs(포화 DO농도) - C(혼합수중 DO농도)
t : 시간(day) = $\frac{\text{거리(m)}}{\text{유속(m/day)}}$

(7) BOD 공식

① 소모공식, 밑수 10(또는 상용대수)

$BOD_t = BOD_u \times (1-10^{-k_1 \times t})$

② 소모공식, 밑수 e(또는 자연대수)

$BOD_t = BOD_u \times (1-e^{-k_1 \times t})$

③ 잔류공식, 밑수 10(또는 상용대수)

$BOD_t = BOD_u \times (10^{-k_1 \times t})$

④ 잔류공식, 밑수 e(또는 자연대수)

$BOD_t = BOD_u \times (e^{-k_1 \times t})$

BOD_t : t일 BOD(mg/L)
BOD_u : 최종 BOD(mg/L)
k_1 : 탈산소계수(/day)
t : 시간(day)

(8) 혼합공식

$$C_m = \frac{Q_1C_1 + Q_2C_2}{Q_1 + Q_2}$$

C_m : 혼합지점의 농도　　　Q_1, Q_2 : 유량(m^3/day)
C_1, C_2 : 농도(mg/L)

(9) N농도 계산식

① N농도 = eq/L

화학명	화학식	분자량(g)	당 량	1당량g
과망간산칼륨	$KMnO_4$	158g	5 당량	158g/5
다이크롬산칼륨	$K_2Cr_2O_7$	294g	6 당량	294g/6

$$N농도(eq/L) = \frac{질량(g)}{부피(L)} \left| \frac{1eq}{1당량\ g} \right.$$

② 만약에 질량(g)과 부피(L)가 주어지지 않고 비중이 주어지면 비중(g/mL)을 사용하면 된다.

$$N농도(eq/L) = \frac{비중(g)}{(mL)} \left| \frac{10^3mL}{1L} \right| \frac{1eq}{1당량\ g} \left| \frac{\%}{100} \right.$$

(10) M 농도 계산식

① M농도 = mol/L

$$M농도(mol/L) = \frac{질량(g)}{부피(L)} \left| \frac{1mol}{분자량(g)} \right.$$

② 화합물의 1mol = 분자량(g)이다. 만약에 질량(g)과 부피(L)가 주어지지 않고 비중이 주어지면 비중(g/mL)을 사용하여 풀이한다.

$$M농도(mol/L) = \frac{비중(g)}{(mL)} \left| \frac{10^3mL}{1L} \right| \frac{1mol}{분자량(g)} \left| \frac{\%}{100} \right.$$

(11) pH 계산식

① pH와 pOH의 정의

$pH = -\log[H^+] \Rightarrow [H^+] = 10^{-pH} mol/L$

$pOH = -\log[OH^-] \Rightarrow [OH^-] = 10^{-pOH} mol/L$

② pH와 pOH의 상관관계

$pH + pOH = 14$

$pH = 14 - pOH$

$pOH = 14 - pH$

③ pH 계산식

산성물질에서 $pH = -\log[H^+]$

알칼리성물질에서 $pH = 14 + \log[OH^-]$

(12) 경도 계산식

$$\frac{\text{경도}(mg/L)}{50g} = \frac{Ca^{2+} mg/L}{20g} + \frac{Mg^{2+} mg/L}{12g} + \frac{Fe^{2+} mg/L}{28g} + \frac{Mn^{2+} mg/L}{27.5g} + \frac{Sr^{2+} mg/L}{43.8g}$$

(13) 알칼리도(Alk) 계산식

① $$\frac{Alk(mg/L)}{50g} = \frac{OH^-(mg/L)}{17g} + \frac{CO_3^{2-}(mg/L)}{60g/2} + \frac{HCO_3^-(mg/L)}{61g}$$

② $$Alk(mg/L) = \frac{A \times N \times 50,000}{V}$$

A : 적정에 사용되는 량(mL)
V : 시료량(mL)
N : 적정용액의 N농도
50,000(mg) : $CaCO_3$ 1당량(mg)

(14) 제거효율 계산(η)

① $$\eta = \left(1 - \frac{C_o}{C_i}\right) \times 100(\%)$$

η : 효율(%)
C_o : 출구농도(mg/L)
C_i : 입구농도(mg/L)

② $$\eta = \left(1 - \frac{C_o \times P}{C_i}\right) \times 100(\%)$$

$$P(\text{희석배수치}) = \frac{\text{유입수의 } Cl^- \text{ 농도}}{\text{유출수의 } Cl^- \text{ 농도}} = \frac{\text{희석 후 유량}}{\text{희석 전 유량}}$$

③ $\eta_T = 1 - (1 - \eta_1) \times (1 - \eta_2) \times (1 - \eta_3)$

[η_T : 총합 효율(%) η_1 : 1차처리 효율(%)
η_2 : 2차처리 효율(%) η_3 : 3차처리 효율(%)]

④ ①식과 ③식을 합치면 다음과 같은 식이 성립된다.

$$\left(1 - \frac{C_o}{C_i}\right) = 1 - (1 - \eta_1) \times (1 - \eta_2) \times (1 - \eta_3)$$

(15) $\frac{BOD_6}{BOD_u}$ 비 계산

$$BOD_6 = BOD_u \times (1 - 10^{-k_1 \times t})$$

$$\therefore \frac{BOD_6}{BOD_u} = (1 - 10^{-k_1 \times t})$$

(16) SAR(Sodium adsorption ratio) : 나트륨 흡착률 계산식

① $SAR = \dfrac{Na^+}{\sqrt{\dfrac{Mg^{2+} + Ca^{2+}}{2}}}$

② 단위 : meq/L = mN = mg/L ÷ 1mg 당량

$Na^+ = Na^+ mg/L \div 23$

$Ca^{2+} = Ca^{2+} mg/L \div 20$

$Mg^{2+} = Mg^{2+} mg/L \div 12$

③ 판정

- SAR 0∼10 : 영향 적음
- SAR 10∼18 : 중간 정도 영향
- SAR 18∼26 : 큰 영향
- SAR 26 이상 : 아주 큰 영향

(17) COD = BDCOD + NBDCOD

[BDCOD : 생물학적 분해 가능한 COD = BOD_u
NBDCOD : 생물학적 분해 불가능한 COD
∴ NBDCOD = COD − BDCOD(= BOD_u)]

(18) 총량 계산식

총량(kg/day) = 유량(m^3/day)×농도(kg/m^3)

(19) 중화적정 공식

$NV = N'V'$

(20) 수은주 비중

$$\frac{10332mmH_2O}{760mmHg} = 13.6 \Rightarrow \begin{cases} mmH_2O \rightarrow mmHg : mmH_2O \div 13.6 \\ mmHg \rightarrow mmH_2O : mmHg \times 13.6 \end{cases}$$

(21) 유독성 단위 계산식

$$\text{유독성 단위(TU)} = \frac{\text{환경수 중 오염물질 농도}}{\text{초기 TLm(96TLm)}}$$

(22) 모세관 현상에서 물기둥 높이(h) 계산식

$$h = \frac{4 \cdot \sigma \cdot \cos\theta}{r \cdot d}$$

h : 물기둥 높이(cm)
θ : 접촉각
d : 유리관 지름(cm)
σ : 표면장력(g_f/cm)
r : 물의 밀도(1g/cm^3)

TIP

$$g_f/cm = dyne/cm \times \frac{g_f}{980dyne},\ kg_f/m = N/m \times \frac{kg_f}{9.8N}$$

(23) 탈산소계수(K_1) 보정식, 재폭기계수(K_2) 보정식

$K_1(T) = K_1(20℃)\times1.047^{(T-20)}$

$K_2(T) = K_2(20℃)\times1.018^{(T-20)}$

(24) 이온강도(I) 계산식

$$\text{이온강도(I)} = \frac{\text{합}\{(\text{이온의 몰수})\times(\text{이온가수})^2\}}{2}$$

(25) 산소전달계수(K_{La}) 계산식

$$\frac{dO}{dt} = \alpha \cdot K_{La} \times (\beta \cdot Cs - C)$$

$\frac{dO}{dt}$: 시간에 따른 용존산소농도 변화(mg/L · hr)
K_{La} : 산소전달계수(/hr)
Cs : 포화산소농도(mg/L)
C : 물속의 용존산소농도(mg/L)
α, β : 계수

(26) 염소주입량 계산식

염소주입량 = 염소요구량 + 염소잔류량

(27) DO 포화도 계산식

$$\text{DO 포화도(\%)} = \frac{\text{현재 DO 농도}}{\text{포화 DO 농도}} \times 100(\%)$$

(28) 완충방정식

$$pH = pKa + \log\frac{[\text{염기}]}{[\text{산}]}$$

$$\frac{[\text{염기}]}{[\text{산}]} = \frac{Ka}{[H^+]}$$

(29) 초산(CH_3COOH)에서 $[H^+]$ 농도

$$[H^+] = \sqrt{Ka \times C}$$

Ka : 산해리상수
C : CH_3COOH의 mol/L농도

(30) 임계점 도달시간(t_c), 임계부족량(D_c)

$$t_c = \frac{1}{k_1(f-1)} \log[f\left\{1-(f-1)\frac{D_o}{L_o}\right\}]$$

$$D_c = \frac{L_o}{f} \times 10^{-k_1 \times t}$$

- k_1 : 탈산소계수(/day)
- k_2 : 재폭기계수(/day)
- D_o : 초기산소부족량(D_o = Cs-C)
- f : 자정계수($f = \frac{k_2}{k_1}$)
- L_o = BODu : 최종 BOD(mg/L)

(31) 생물지수(BI) 계산식

$$BI = \frac{2A+B}{A+B+C} \times 100$$

- BI : 생물지수
- B : 광범위 출현종의 미생물
- A : 청수성 미생물
- C : 오수성 미생물

• 판정
- 깨끗한 물 : 20% 이상
- 약간 오염된 물 : 11~19%
- 오염된 물 : 6~10%
- 심하게 오염된 물 : 5% 이하

(32) BIP = $\frac{\text{무색 생물수}}{\text{전 생물수}} \times 100(\%)$

• 판정
- 깨끗한 물 : 0~2%
- 약간 오염된 물 : 10~20%
- 심하게 오염된 물 : 70~100%

02 수질오염개론 주요반응식 정리

(1) 박테리아($C_5H_7O_2N$)의 호기성 반응식

$$C_5H_7O_2N + 5O_2 \rightarrow 5CO_2 + 2H_2O + NH_3$$

(2) 프로피온산(C_2H_5COOH)의 이온화 반응식

$$C_2H_5COOH \rightleftarrows C_2H_5COO^- + H^+$$

(3) 초산(CH_3COOH)의 이온화 반응식

$$CH_3COOH \rightleftarrows CH_3COO^- + H^+$$

(4) 글루코스($C_6H_{12}O_6$)의 호기성 반응식

$$C_6H_{12}O_6 + 6O_2 \rightarrow 6CO_2 + 6H_2O$$

(5) 글루코스($C_6H_{12}O_6$)의 혐기성 반응식

$$C_6H_{12}O_6 \rightarrow 3CO_2 + 3CH_4$$

(6) 에탄(C_2H_6)의 호기성 반응식

$$C_2H_6 + 3.5O_2 \rightarrow 2CO_2 + 3H_2O$$

(7) CH_2O(Foramaldehyde)의 호기성 반응식

$$CH_2O + O_2 \rightarrow CO_2 + H_2O$$

(8) $Ca(OH)_2$와 $Ca(HCO_3)_2$ 반응에 의해 $CaCO_3$의 침전형성 반응식

$$Ca(OH)_2 + Ca(HCO_3)_2 \rightarrow 2CaCO_3 + 2H_2O$$

$Ca(OH)_2$: 수산화칼슘　　$Ca(HCO_3)_2$: 중탄산칼슘
$CaCO_3$: 탄산칼슘

(9) 자당($C_{12}H_{22}O_{11}$)의 호기성 반응식

$$C_{12}H_{22}O_{11} + 12O_2 \rightarrow 12CO_2 + 11H_2O$$

(10) 아황산나트륨(Na_2SO_3)의 산화 반응식

$$Na_2SO_3 + 0.5O_2 \rightarrow Na_2SO_4$$

(11) 메탄올(CH_3OH)의 호기성 반응식

$$CH_3OH + 1.5O_2 \rightarrow CO_2 + 2H_2O$$

(12) $Ca(OH)_2$의 이온화 반응식

$$Ca(OH)_2 \rightleftarrows Ca^{2+} + 2OH^-$$

(13) Glycine($CH_2(NH_2)COOH$)의 호기성 반응식

$$CH_2(NH_2)COOH + 3.5O_2 \rightarrow 2CO_2 + 2H_2O + HNO_3$$

(14) 페놀(C_6H_5OH)의 호기성 반응식

$$C_6H_5OH + 7O_2 \rightarrow 6CO_2 + 3H_2O$$

(15) 에탄올(C_2H_5OH)의 호기성 반응식

$$C_2H_5OH + 3O_2 \rightarrow 2CO_2 + 3H_2O$$

(16) 질산이온(NO_3^-)의 탈질 반응식

$$6NO_3^- + 5CH_3OH \rightarrow 3N_2 + 5CO_2 + 7H_2O + 6OH^-$$

Chapter 10 종합평가문제

01 종합평가문제 1편

01 지하수가 오염되었을 때, 실시할 수 있는 대책 중 오염물질의 유발요인이 집중적이고 오염된 면적이 비교적 적을 경우 적용할 수 있는 가장 적절한 방법은 어느 것인가?

㉮ 현장공기추출법
㉯ 유해물질 굴착 제거법
㉰ 오염지하수의 양수 처리법
㉱ 토양내의 미생물을 이용한 처리법

02 일반적으로 담수의 DO가 해수의 DO보다 높은 이유로 가장 적절한 것은 어느 것인가?

㉮ 수온이 낮기 때문에
㉯ 염도가 낮기 때문에
㉰ 산소의 분압이 크기 때문에
㉱ 기압에 따른 산소용해율이 크기 때문에

03 물의 밀도에 관한 내용으로 틀린 것은 어느 것인가?

㉮ 물의 밀도는 3.98℃에서 최대값을 나타낸다.
㉯ 해수의 밀도가 담수의 밀도보다 큰 값을 나타낸다.
㉰ 물의 밀도는 3.98℃보다 온도가 상승하거나 하강하면 감소한다.
㉱ 물의 밀도는 비중량을 부피로 나눈 값이다.

04 석회를 투입하여 물의 경도를 제거하고자 한다. 반응식이 다음과 같을 때 Ca^{2+} 20mg/L을 제거하기 위해 필요한 석회량(mg/L)은 얼마인가? (단, Ca의 원자량은 40 이다.)

$$Ca(HCO_3)_2 + Ca(OH)_2 \rightarrow 2CaCO_3 \downarrow + 2H_2O$$

㉮ 18　　㉯ 28
㉰ 37　　㉱ 45

05 성층현상이 있는 호수에서 수온의 큰 도약을 가지는 층은?

㉮ hypolimnion　㉯ thermocline
㉰ sedimentation　㉱ epilimnion

06 호기성 bacteria의 질소 함량(%)은 얼마인가? (단, 경험적 호기성 박테리아를 나타내는 화학적 기준)

㉮ 약 4.2%　㉯ 약 8.9%
㉰ 약 12.4%　㉱ 약 18.2%

07 혐기성 조건하에서 295g의 glucose ($C_6H_{12}O_6$)로부터 발생 가능한 CH_4가스의 용적(L)은 얼마인가? (단, 완전분해, 표준상태 기준이다.)

㉮ 약 60L　㉯ 약 80L
㉰ 약 110L　㉱ 약 150L

08 유량이 10,000m^3/day인 폐수를 BOD 4mg/L, 유량 4,000,000m^3/day인 하천에 방류하였다. 방류한 폐수가 하천수와 완전 혼합되어졌을 때 하천의 BOD가 1mg/L 높아졌다면 하천에 가해진 폐수의 BOD 부하량(kg/day)은 얼마인가? (단, 기타 조건은 고려하지 않는다.)

㉮ 1,425kg/day　㉯ 1,810kg/day
㉰ 2,250kg/day　㉱ 4,050kg/day

09 수중의 용존산소에 관한 내용으로 틀린 것은 어느 것인가?

㉮ 수온이 높을수록 용존산소량은 감소한다.
㉯ 용존염류의 농도가 높을수록 용존산소량은 감소한다.
㉰ 같은 수온하에서는 담수보다 해수의 용존산소량이 높다.
㉱ 현존 용존산소 농도가 낮을수록 산소전달율은 높아진다.

10 폭이 60m, 수심이 1.5m로 거의 일정한 하천에서 유량을 측정하였더니 18m^3/sec이었다. 하류의 어떤 지점에서 측정한 BOD 농도가 17mg/L이었다면, 이로부터 상류 40km지점의 BOD_u 농도(mg/L)는 얼마인가? (단, k_1 = 0.1/day(자연대수인 경우), 중간에는 지천이 없으며 기타 조건은 고려하지 않는다.)

㉮ 28.9mg/L　㉯ 25.2mg/L
㉰ 23.8mg/L　㉱ 21.4mg/L

11 우리나라 물의 이용 형태별로 볼 때 가장 수요가 많은 용수는 어느 것인가?

㉮ 생활용수　㉯ 공업용수
㉰ 농업용수　㉱ 유지용수

12 상수원에 대한 수질검사 결과 질산성질소만 다량 검출되었을 때 알맞은 것은 어느 것인가?

㉮ 유기질소에 의한 일시적인 오염
㉯ 유기질소에 의한 계속적인 오염
㉰ 유기질소에 의한 영구적인 오염
㉱ 지질(地質)에 의한 오염

13 1차 반응에서 반응개시의 물질 농도가 220mg/L이고, 반응 1시간 후의 농도는 94mg/L 이었다면 반응 8시간 후의 물질의 농도(mg/L)는 얼마인가?

㉮ 0.12mg/L ㉯ 0.25mg/L
㉰ 0.36mg/L ㉱ 0.48mg/L

14 해수의 특성에 대한 내용으로 알맞은 것은 어느 것인가?

㉮ 해수 내 아질산성 질소와 질산성 질소는 전체질소의 약 35%이며 나머지는 암모니아성 질소와 유기질소의 형태이다.
㉯ 해수의 pH는 7.3~7.8 정도이며 탄산염의 완충용액이다.
㉰ 해수의 주요성분 농도비는 일정하다.
㉱ 해수는 약전해질로 평균 35% 정도의 염분농도를 함유한다.

15 미생물 중 Fungi에 대한 내용으로 틀린 것은 어느 것인가?

㉮ 탄소 동화작용을 하지 않는다.
㉯ pH가 낮아도 잘 성장한다.
㉰ 충분한 용존산소에서만 잘 성장한다.
㉱ 폐수처리 중에는 sludge bulking의 원인이 된다.

16 화학반응에서 의미하는 산화에 대한 설명으로 틀린 것은 어느 것인가?

㉮ 산소와 화합하는 현상이다.
㉯ 원자가가 증가되는 현상이다.
㉰ 전자를 받아들이는 현상이다.
㉱ 수소화합물에서 수소를 잃는 현상이다.

17 분뇨처리과정에서 병원균과 기생충란을 사멸하기 위한 온도로 알맞은 것은 어느 것인가?

㉮ 25~30℃ ㉯ 35~40℃
㉰ 45~50℃ ㉱ 55~60℃

18 크기가 $300m^3$인 반응조에 색소를 주입할 경우, 주입농도가 150mg/L이었다. 이 반응조에 연속적으로 물을 넣어 색소농도를 2mg/L로 유지하기 위하여 필요한 소요시간(hr)은 얼마인가? (단, 유입유량은 $5m^3/hr$이며, 반응조 내의 물은 완전혼합, 1차 반응이라 가정한다.)

㉮ 205hr ㉯ 215hr
㉰ 260hr ㉱ 295hr

19 세균의 세포형성에 따른 분류로 틀린 것은 어느 것인가?

㉮ 구균 ㉯ 진균
㉰ 간균 ㉱ 나선균

20 분뇨처리장에서 1차 처리 후 BOD 농도가 2,000mg/L, Cl^- 농도가 200mg/L로 너무 높아 2차 처리에 어려움이 있어 희석수로 희석하고자 한다. 희석수의 Cl^- 농도는 10mg/L이고, 희석 후 2차 처리 유입수의 Cl^- 농도가 20mg/L일 때 희석배율은 얼마인가?

㉮ 19배　　㉯ 21배
㉰ 23배　　㉱ 25배

02 종합평가문제 2편

01 성장을 위한 먹이(탄소원) 취득 방법이 나머지와 크게 다른 것은 어느 것인가?

㉮ 조류 ㉯ 곰팡이
㉰ 질산화박테리아 ㉱ 황박테리아

02 pH = 6.0인 용액의 산도의 8배를 가진 용액의 pH는 얼마인가?

㉮ 5.1 ㉯ 5.3
㉰ 5.4 ㉱ 5.6

03 물의 동점성계수를 가장 알맞게 나타낸 것은 어느 것인가?

㉮ 전단력 τ과 점성계수 μ를 곱한 값이다.
㉯ 전단력 τ과 밀도 ρ를 곱한 값이다.
㉰ 점성계수 μ를 전단력 τ로 나눈 값이다.
㉱ 점성계수 μ를 밀도 ρ로 나눈 값이다.

04 반응조의 주입된 물감의 10%, 90%가 유출되기까지의 시간은 t_{10}, t_{90} 이라 할 때 Morrill지수는 t_{90}/t_{10}으로 나타낸다. 이상적인 Plug flow인 경우의 Morrill지수 값은 얼마인가?

㉮ 1보다 작다. ㉯ 1이다.
㉰ 1보다 크다. ㉱ 0이다.

05 일반적인 하천에 유기물질이 배출되었을 때 하천의 수질변화를 나타낸 것이다. 그림 중 (2)곡선이 나타내는 수질지표로 가장 적절한 것은 어느 것인가?

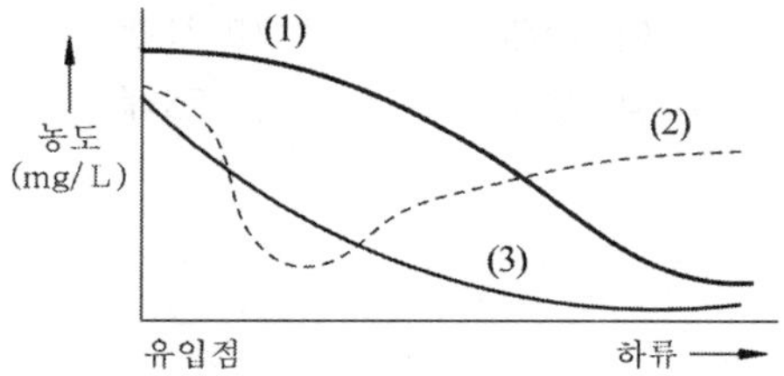

㉮ DO ㉯ BOD
㉰ SS ㉱ COD

06 수분함량 97%의 슬러지 14.7m³를 수분함량 85%로 농축하면 농축 후 슬러지 용적(m³)은 얼마인가? (단, 슬러지 비중은 1.0 기준이다.)

㉮ 1.92m³ ㉯ 2.94m³
㉰ 3.21m³ ㉱ 4.43m³

07 산(Acid)이 물에 녹았을 때 가지는 특성으로 틀린 것은 어느 것인가?

㉮ 맛이 시다.
㉯ 미끈미끈거리며 염기를 중화한다.
㉰ 푸른 리트머스 시험지를 붉게 한다.
㉱ 활성을 띤 금속과 반응하여 원소상태의 수소를 발생시킨다.

08 물의 물성을 나타내는 값으로 틀린 것은 어느 것인가?

㉮ 비점 : 100℃(1기압하)
㉯ 비열 : 1.0cal/g℃(15℃)
㉰ 기화열 : 539cal/g(100℃)
㉱ 융해열 : 179.4cal/g(0℃)

09 다음 중 하수처리구역이 아닌 경우 오수, 분뇨의 처리방안으로 알맞은 것은 어느 것인가?

㉮ 분뇨는 단독 정화조에서 처리하여 생활오수와 함께 BOD 50mg/L 이하로 공공수역에 방류시킨다.
㉯ 분뇨와 생활오수를 함께 오수처리시설에 유입시켜 BOD 20mg/L 이하로 처리하여 공공수역에 방류시킨다.
㉰ 분뇨와 생활오수를 함께 우, 오수분류식 하수처리장에서 처리한 후 BOD 20 mg/L 이하로 공공수역에 방류시킨다.
㉱ 분뇨는 단독 정화조에서 처리하고 생활오수는 우, 오수분류식 하수처리장에서 처리한 후 BOD 20mg/L 이하로 처리하여 공공수역에 방류시킨다.

10 우리나라의 물이용 형태에서 볼 때 수요가 가장 많은 분야는 어느 것인가?

㉮ 공업용수 ㉯ 농업용수
㉰ 유지용수 ㉱ 생활용수

11 일반적으로 물속의 용존산소(DO)농도가 증가하게 되는 조건으로 알맞은 것은 어느 것인가?

㉮ 수온이 낮고 기압이 높을 때
㉯ 수온이 낮고 기압이 낮을 때
㉰ 수온이 높고 기압이 높을 때
㉱ 수온이 높고 기압이 낮을 때

12 Glucose($C_6H_{12}O_6$) 800mg/L 기성 처리 시 필요한 이론적 인량(P, mg/L)은 얼마인가? (단, BOD_5 : N : P = 100 : 5 : 1, k_1 = 0.1/day^{-1}, 상용대수기준)

㉮ 약 9.6mg/L ㉯ 약 7.9mg/L
㉰ 약 5.8mg/L ㉱ 약 3.6mg/L

13 Cd^{2+}를 함유하는 산성수용액의 pH를 증가시키면 침전이 생긴다. pH를 11로 증가시켰을 때 Cd^{2+}농도(mg/L)는 얼마인가? (단, $Cd(OH)_2$의 Ksp = 4×10^{-14}, 원자량은 Cd = 112, O = 16, H = 1, 기타 공존이온의 영향이나 착염에 의한 재용해도는 없는 것으로 본다.)

㉮ 3.12×10^{-3}mg/L ㉯ 3.46×10^{-3}mg/L
㉰ 4.48×10^{-3}mg/L ㉱ 6.29×10^{-3}mg/L

14 수중에 탄산가스 농도나 암모니아성 질소의 농도가 증가하며 Fungi가 사라지는 하천의 변화과정 지대는 어느 것인가? (단, Whipple의 4지대 기준)

㉮ 활발한 분해지대
㉯ 점진적 분해지대
㉰ 분해지대
㉱ 점진적 회복지대

15 0.25M $MgCl_2$ 용액의 이온강도는 얼마인가? (단, 완전해리 기준)

㉮ 0.45 ㉯ 0.55
㉰ 0.65 ㉱ 0.75

16 자정계수(f)에 대한 내용으로 틀린 것은 어느 것인가?

㉮ 자정계수는 소규모 저수지보다 대형호수가 크다.
㉯ [재폭기계수/탈산소계수]로 나타낸다.
㉰ 수온이 증가할수록 자정계수는 높아진다.
㉱ 하천의 유속이 클수록 자정계수는 커진다.

17 우리나라에서 주로 설치·사용되어진 분뇨정화조의 형태로 가장 적합하게 짝지어진 것은 어느 것인가?

㉮ 임호프탱크 - 부패탱크
㉯ 접촉포기법 - 접촉안정법
㉰ 부패탱크- 접촉포기법
㉱ 임호프탱크 - 접촉포기법

18 다음 중 지하수에 관한 내용으로 틀린 것은 어느 것인가?

㉮ 천층수 : 지하로 침투한 물이 제1 불투수층 위에 고인 물로, 공기와의 접촉가능성이 커 산소가 존재할 경우 유기물은 미생물의 호기성 활동에 의해 분해될 가능성이 크다.
㉯ 심층수 : 제1 불침투수층과 제2 불침투수층사이의 피압지하수를 말하며, 지층의 정화작용으로 거의 무균에 가깝고 수온과 성분의 변화가 거의 없다.
㉰ 용천수 : 지표수가 지하로 침투하여 암석 또는 점토와 같은 불투수층에 차단되어 지표로 솟아나온 것으로, 유기성 및 무기성불순물의 함유도가 낮고, 세균도 매우 적다.
㉱ 복류수 : 하천, 저수지 혹은 호수의 바닥 자갈 모래층에 함유되어 있는 물로, 지표수보다 수질이 나쁘며 철과 망간과 같은 광물질 함유량도 높다.

19 미생물의 발육과정을 순서대로 나열한 것은 어느 것인가?

㉮ 유도기 - 대수증식기 - 정지기 - 사멸기
㉯ 대수증식기 - 정지기 - 유도기 - 사멸기
㉰ 사멸기 - 대수증식기 - 유도기 - 정지기
㉱ 정지기 - 유도기 - 대수증식기 - 사멸기

20 폐수의 분석결과 COD 400mg/L이었고 BOD_5가 250mg/L이었다면 NBDCOD (mg/L)는 얼마인가? (단, 탈산소계수 k_1 (밑이 10) = 0.2day^{-1}이다.)

㉮ 78mg/L ㉯ 122mg/L
㉰ 172mg/L ㉱ 210mg/L

03 종합평가문제 3편

01 물의 물리, 화학적 특성으로 틀린 것은 어느 것인가?

㉮ 물은 온도가 낮을수록 밀도는 커진다.
㉯ 물 분자는 H^+와 OH^-로 극성을 이루므로 유용한 용매가 된다.
㉰ 물은 기화열이 크기 때문에 생물의 효과적인 체온 조절이 가능하다.
㉱ 생물체의 결빙이 쉽게 일어나지 않는 것은 물의 융해열이 크기 때문이다.

02 25℃, 2기압의 압력에 있는 메탄가스 200kg을 저장하는데 필요한 탱크의 부피(L)는 얼마인가? (단, 이상기체법칙 적용, R = 0.082L · atm/mol · °k)

㉮ 1.53×10^5L　㉯ 1.53×10^4L
㉰ 2.53×10^5L　㉱ 2.53×10^4L

03 1차 반응에 있어 반응 초기의 농도가 100mg/L이고, 반응 4시간 후에 10mg/L로 감소되었다. 반응 3시간 후의 농도(mg/L)는 얼마인가?

㉮ 17.8mg/L　㉯ 23.6mg/L
㉰ 31.7mg/L　㉱ 42.2mg/L

04 해류와 그것을 일으키는 원인이 알맞게 짝지어진 것은 어느 것인가?

㉮ 상승류 - 바람과 해양 및 육지의 상호작용
㉯ 조류 - 해수의 염분, 온도 차이에 의해 형성
㉰ 쓰나미 - 해수의 밀도차에 의한 해일 작용
㉱ 심해류 - 해저의 화산 활동

05 용량 600L인 물의 용존산소 농도가 10 mg/L인 경우, Na_2SO_3로 물속의 용존산소를 완전히 제거하려고 한다. 이론적으로 필요한 Na_2SO_3의 양(g)은 얼마인가? (단, Na의 원자량은 23이다.)

㉮ 약 36.3g　㉯ 약 47.3g
㉰ 약 56.3g　㉱ 약 64.3g

06 증류수에 NaOH 400mg를 가하여 1L로 제조한 용액의 pH는 얼마인가? (단, 완전해리 기준이고 Na의 원자량은 23이다.)

㉮ 9　㉯ 10
㉰ 11　㉱ 12

07 Henry법칙에 가장 잘 적용되는 기체는 어느 것인가?

㉮ Cl_2　㉯ O_2
㉰ NH_3　㉱ HF

08 유량이 5,000m^3/day인 폐수를 하천에 방류할 때 하천의 BOD는 4mg/L, 유량은 400,000m^3/day이다. 방류한 폐수가 하천수와 완전 혼합되어졌을 때 하천의 BOD가 1mg/L 높아진다고 하면, 하천으로 유입되는 폐수의 BOD농도(mg/L)는 얼마인가?

㉮ 73mg/L ㉯ 85mg/L
㉰ 95mg/L ㉱ 100mg/L

09 BOD_5 300mg/L, COD 800mg/L인 경우 NBDCOD(mg/L)는 얼마인가? (단, 탈산소 계수 $k_1 = 0.2day^{-1}$, 상용대수 기준이다.)

㉮ 367mg/L ㉯ 397mg/L
㉰ 467mg/L ㉱ 497mg/L

10 1,000m^3인 탱크에 염소이온 농도가 100mg/L이다. 탱크 내의 물은 완전혼합이고, 계속적으로 염소이온이 없는 물이 480m^3/day로 유입된다면 탱크 내 염소이온농도가 20mg/L로 낮아질때까지의 소요시간(hr)은 얼마인가? (단, $C_i/C_o = e^{-kt}$)

㉮ 약 61hr ㉯ 약 71hr
㉰ 약 81hr ㉱ 약 91hr

11 다음은 여름철 부영양화된 호수나 저수지의 수층에 대한 설명이다. 알맞은 것은 어느 것인가?

- pH는 약산성이다.
- 용존산소는 거의 없다.
- CO_2는 매우 많다.
- H_2S가 검출된다.

㉮ 성층 ㉯ 수온약층
㉰ 심수층 ㉱ 혼합층

12 소수성 colloid에 대한 내용으로 틀린 것은 어느 것인가?

㉮ 표면장력은 용매와 비슷하다.
㉯ Emulsion 상태로 존재한다.
㉰ 틴들(Tyndall)효과가 크다.
㉱ 염에 민감하다.

13 진한 산성폐수를 중화 처리하고자 한다. 20% NaOH 용액 사용 시 40mL가 투입되었는데 만일 20% $Ca(OH)_2$로 사용한다면 몇 mL가 필요하겠는가? (단, 완전해리기준이고, 원자량은 Na : 23, Ca : 40이다.)

㉮ 17.4mL ㉯ 18.5mL
㉰ 37.0mL ㉱ 74.0mL

14 하천수 수온은 15℃이다. 20℃에서 탈산소계수 k(상용대수)가 0.1day^{-1}이라면 최종 BOD에 대한 BOD_3의 비는 얼마인가? (단, $k_T = k_{20} \times 1.047^{(T-20)}$)

㉮ 0.42 ㉯ 0.56
㉰ 0.62 ㉱ 0.79

15 미생물의 성장과 유기물과의 관계 곡선 중 변곡점까지의 미생물의 성장 상태를 가장 적절하게 나타낸 것은? (단, F : 먹이인 유기물량, M : 미생물량)

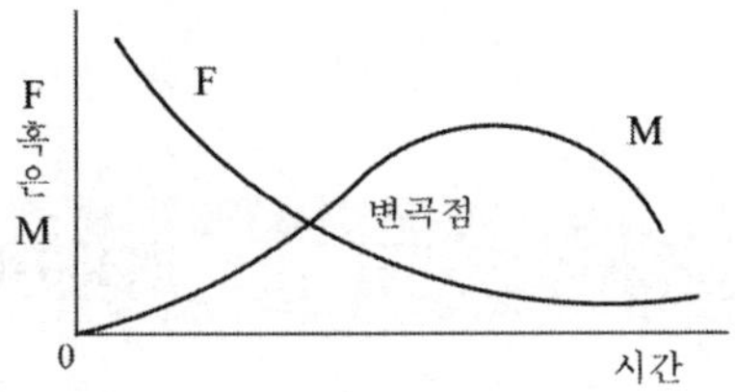

㉮ 내생성장 상태 ㉯ 감소성장 상태
㉰ Floc형성 상태 ㉱ log 성장 상태

16 하천의 환경기준이 BOD 3mg/L 이하이고 현재 BOD는 1mg/L이며 유량은 50,000m^3/day이다. 하천주변에 돼지 사육단지를 조성하고자 하는데 환경기준치 이하를 유지시키기 위해서는 몇 마리까지 사육을 허가할 수 있겠는가? (단, 돼지사육으로 인한 하천의 유량증가 무시, 돼지 1마리당 BOD 배출량은 0.4kg/day이다.)

㉮ 125마리 ㉯ 150마리
㉰ 250마리 ㉱ 350마리

17 Glucose($C_6H_{12}O_6$) 600mg/L 용액의 이론적 COD값(mg/L)은 얼마인가?

㉮ 540mg/L ㉯ 580mg/L
㉰ 640mg/L ㉱ 680mg/L

18 하천 모델의 종류 중 Streeter-Phelps Models에 대한 설명으로 틀린 것은 어느 것인가?

㉮ 최초의 하천 수질 모델링이다.
㉯ 하천의 유기물 분해가 1차 반응에 따르는 완전혼합흐름 반응기라고 가정한 모델이다.
㉰ 점오염원으로부터 오염부하량을 고려한다.
㉱ 유기물의 분해에 따라 용존산소 소비와 재포기를 고려한다.

19 농업용수의 수질 평가시 사용되는 SAR (Sodium Adsorption Ratio)산출식에 직접 관련된 원소로 알맞은 것은 어느 것인가?

㉮ K, Mg, Ca ㉯ Mg, Ca, Fe
㉰ Ca, Mg, Al ㉱ Ca, Mg, Na

20 수질분석 결과, 양이온이 Ca^{2+} 20mg/L, Na^+ 46mg/L, Mg^{2+} 36mg/L일 때 이 물의 총경도(mg/L as $CaCO_3$)는 얼마인가? (단, 원자량은 Ca : 40, Mg : 24, Na : 23)

㉮ 150mg/L ㉯ 200mg/L
㉰ 250mg/L ㉱ 300mg/L

Chapter 11

종합평가문제 풀이 및 정답

01 종합평가문제 1편 풀이 및 정답 [148p-151p]

01 정답 ㉯

풀이 ㉯ 유해물질 굴착 제거법에 대한 설명이다.

02 정답 ㉯

풀이 담수의 DO가 해수의 DO보다 높은 이유는 염도가 낮기 때문이다.

03 정답 ㉱

풀이 ㉱ 물의 밀도는 질량을 부피로 나눈 값이다.

04 정답 ㉰

풀이 Ca^{2+} : $Ca(OH)_2$

40g : 74g

20mg/L : X

$$\therefore X = \frac{20mg/L \times 74g}{40g} = 37mg/L$$

정답 01 ㉯ 02 ㉯ 03 ㉱ 04 ㉰

05 정답 ㉯

풀이 수온의 큰 도약을 가지는 층(수온의 차이가 큰 층)은 수온약층(thermocline)이다.

06 정답 ㉰

풀이 $C_5H_7O_2N$의 분자량은 113g이다.

따라서 $N(\%) = \frac{14g}{113g} \times 100 = 12.39\%$

07 정답 ㉰

풀이 $C_6H_{12}O_6 \rightarrow 3CO_2 + 3CH_4$

180g : 3×22.4L

295g : X

$\therefore X(L) = \frac{295g \times 3 \times 22.4L}{180g} = 110.1L$

08 정답 ㉱

풀이 ① 폐수의 BOD 계산

$C_m = \frac{Q_1C_1+Q_2C_2}{Q_1+Q_2}$

$5mg/L = \frac{4{,}000{,}000m^3/day \times 4mg/L + 10{,}000m^3/day \times C_2}{(4{,}000{,}000+10{,}000)m^3/day}$

$\therefore C_2$(폐수의 BOD)

$= \frac{\{5mg/L \times (4{,}000{,}000+10{,}000)m^3/day\} - (4{,}000{,}000\ m^3/day \times 4mg/L)}{10{,}000m^3/day}$

$= 405mg/L$

② 폐수의 BOD 부하량(kg/day)

= 폐수의 BOD(kg/m^3)×폐수량(m^3/day)

$= 0.405kg/m^3 \times 10{,}000m^3/day$

$= 4{,}050kg/day$

TIP

① $mg/L \times 10^{-3} = kg/m^3$

② $405mg/L = 0.405kg/m^3$

09 정답 ㉰

풀이 ㉰ 같은 수온하에서는 해수보다 담수의 용존산소량이 높다.

10 정답 ㉱

풀이 ① 유량(Q)=단면적(A)×유속(v)

$v = \frac{Q}{A} = \frac{Q}{W \times H} = \frac{18m^3/sec}{60m \times 1.5m} = 0.2m/sec$

② 시간(t) $= \frac{\text{길이(L)}}{\text{유속(v)}}$

$= \frac{40 \times 10^3 m}{0.2m/sec \times 3{,}600sec/hr \times 24hr/day}$

$= 2.315day$

③ $BOD_{2.315} = BOD_u \times e^{-k_1 \times t}$

$17mg/L = BOD_u \times e^{(-0.1/day \times 2.315day)}$

$\therefore BOD_u = \frac{17mg/L}{e^{(-0.1/day \times 2.315day)}} = 21.43mg/L$

11 정답 ㉰

풀이 우리나라 수자원 이용현황은 농업용수 > 하천유지용수 > 생활용수 > 공업용수 순이다.

정답 05 ㉯ 06 ㉰ 07 ㉰ 08 ㉱ 09 ㉰ 10 ㉱ 11 ㉰

12 정답 ㉮

풀이 질산성질소만 다량 검출된 경우는 유기질소에 의한 일시적인 오염이다.

13 정답 ㉯

풀이 ① 1차반응식 : $\ln\frac{C_t}{C_o} = -k \times t$

$$\ln\frac{94mg/L}{220mg/L} = -k \times 1hr$$

$$\therefore k = \frac{\ln\frac{94mg/L}{220mg/L}}{-1hr} = 0.85/hr$$

② $\ln\frac{C_t}{220mg/L} = -0.85/hr \times 8hr$

$$\therefore C_t = 220mg/L \times e^{(-0.85/hr \times 8hr)} = 0.25mg/L$$

14 정답 ㉰

풀이 ㉮ 해수 내 전체 질소 중 약 35%는 암모니아성 질소와 유기질소의 형태이다.
㉯ 해수의 pH는 약 8.2 정도로 약알칼리성이다.
㉱ 해수는 강전해질로 평균 35‰ 정도의 염분농도를 함유한다.

15 정답 ㉰

풀이 ㉰ 용존산소가 부족한 경우에도 잘 자란다.

16 정답 ㉰

풀이 ㉰ 전자를 주는 현상이다.

17 정답 ㉱

풀이 분뇨처리과정에서 병원균과 기생충란을 사멸하기 위한 온도는 55~60℃이다.

18 정답 ㉰

풀이 $\ln\frac{C_t}{C_o} = -\left(\frac{Q}{V}\right) \times t$

$$\ln\frac{2mg/L}{150mg/L} = -\left(\frac{5m^3/hr}{300m^3}\right) \times t$$

$$\therefore t = \frac{\ln\frac{2mg/L}{150mg/L}}{-\left(\frac{5m^3/hr}{300m^3}\right)} = 259.0hr$$

19 정답 ㉯

풀이 세균의 세포형성에 따라 구균, 간균, 나선균으로 분류한다.

정답 12 ㉮ 13 ㉯ 14 ㉰ 15 ㉰ 16 ㉰ 17 ㉱ 18 ㉰ 19 ㉯

20 정답 ㉮

풀이 ① 희석수량(Q_2)를 계산한다.

$$C_m = \frac{Q_1C_1+Q_2C_2}{Q_1+Q_2}$$

$$20mg/L = \frac{1 \times 200mg/L + X \times 10mg/L}{1+X}$$

$$\therefore X = 18$$

② 희석 배수치(P) $= \frac{Q_1+Q_2}{Q_1} = \frac{1+18}{1} = 19$

정답 20 ㉮

02 종합평가문제 2편 풀이 및 정답 [152p-154p]

01
정답 ㉯

02
정답 ㉮

풀이 $pH = -\log[H^+] \Rightarrow [H^+] = 10^{-pH} mol/L$

$pH = 6.0 \Rightarrow [H^+] = 10^{-6.0} mol/L$

따라서 $pH = -\log[H^+] = -\log[10^{-6.0} mol/L \times 8]$

$= 5.09$

03
정답 ㉱

풀이 $동점성계수 = \frac{\mu(점성계수)}{\rho(밀도)}$

04
정답 ㉯

풀이

	CFSTR	PFR
분산	1	0
분산수	무한대	0
모릴지수	클수록	1
지체시간	0	이론적 체류시간과 동일할 때

05
정답 ㉮

06
정답 ㉯

풀이 $V_1 \times (100-P_1) = V_2 \times (100-P_2)$

$14.7m^3 \times (100-97) = V_2 \times (100-85)$

$\therefore V_2 = \frac{14.7m^3 \times (100-97)}{(100-85)} = 2.94m^3$

07
정답 ㉯

풀이 ㉮ 염기(Base)는 미끈미끈거리며 산을 중화한다.

정답 01 ㉯ 02 ㉮ 03 ㉱ 04 ㉯ 05 ㉮ 06 ㉯ 07 ㉯

08 정답 ㉣

풀이 ㉣ 융해열 : 79.4cal/g(0℃)

09 정답 ㉯

10 정답 ㉯

풀이 우리나라 수자원 이용현황은 농업용수 > 하천유지용수 > 생활용수 > 공업용수 순이다.

11 정답 ㉮

12 정답 ㉰

풀이 ① 최종 BOD(BOD_u) 계산

$C_6H_{12}O_6 + 6O_2 \rightarrow 6CO_2 + 6H_2O$

180g : 6×32g

800mg/L : X(BOD_u)

∴ X(BOD_u) = 853.3333mg/L

② BOD_5 계산

$BOD_5 = BOD_u \times (1-10^{-k_1 \times t})$

$= 853.3333mg/L \times (1-10^{-0.1/day \times 5day})$

$= 583.4856mg/L$

③ BOD_5 : P

100 : 1

583.4856mg/L : X(P)

∴ X(P) = 5.84mg/L

13 정답 ㉰

풀이 ① $Cd(OH)_2 \rightarrow Cd^{2+} + 2OH^-$

$Ksp = [Cd^{2+}][OH^-]^2$

$pH = 11 \Rightarrow pOH = 14\text{-}pH = 14\text{-}11 = 3$

$pOH = -\log[OH^-] \Rightarrow [OH^-]$

$= 10^{-pOH} mol/L = 10^{-3} mol/L$

따라서 $Ksp = [Cd^{2+}][OH^-]^2$

$4 \times 10^{-14} = [Cd^{2+}][10^{-3} mol/L]^2$

$\therefore [Cd^{2+}] = \dfrac{4 \times 10^{-14}}{[10^{-3} mol/L]^2} = 4.0 \times 10^{-8} mol/L$

② $Cd^{2+} mg/L = \dfrac{4.0 \times 10^{-8} mol}{L} \left| \dfrac{112g}{1mol} \right| \dfrac{10^3 mg}{1g}$

$= 4.48 \times 10^{-3} mg/L$

14 정답 ㉮

풀이 ㉮ 활발한 분해지대에 대한 설명이다.

정답 08 ㉣ 09 ㉯ 10 ㉯ 11 ㉮ 12 ㉰ 13 ㉰ 14 ㉮

15 정답 ㉣

풀이 $MgCl_2 \rightarrow Mg^{2+} + 2Cl^-$

0.25M 0.25M 2×0.25M

$$\text{이온강도(I)} = \frac{\text{합}\{\text{몰수}\times(\text{가수})^2\}}{2}$$

$$= \frac{1}{2}\times\{(0.25M\times2^2)+(2\times0.25M\times1^2)\}$$

$$= 0.75$$

TIP

이온강도(I) : 용액에 들어있는 이온의 전체 농도를 나타내는 척도

16 정답 ㉢

풀이 ㉢ 수온이 증가할수록 자정계수는 낮아진다.

17 정답 ㉮

18 정답 ㉣

풀이 ㉣ 복류수 : 하천, 저수지 혹은 호수의 바닥 자갈 모래층에 함유되어 있는 물로, 지표수보다 수질이 양호하고 철과 망간과 같은 광물질 함유량은 낮다.

19 정답 ㉮

20 정답 ㉯

풀이 ① BOD_u(= BDCOD)

$BOD_5 = BOD_u\times(1-10^{-k_1\times t})$

$250mg/L = BOD_u\times(1-10^{-0.2/day\times5day})$

$\therefore BOD_u = 277.7778mg/L$

② COD = BDCOD+NBDCOD

$\therefore$ NBDCOD = COD-BDCOD(= BOD_u)

= 400mg/L-277.7778mg/L

= 122.22mg/L

정답 15 ㉣ 16 ㉢ 17 ㉮ 18 ㉣ 19 ㉮ 20 ㉯

03 종합평가문제 3편 풀이 및 정답 [155p-157p]

01 정답 ㉮

풀이 ㉮ 물의 밀도는 4℃에서 가장 크다.

02 정답 ㉮

풀이

기체상태 방정식 : $P \times V = \frac{W}{M} \times R \times T$

- P : 압력(atm)
- V : 부피(L)
- W : 질량(g)
- M : 분자량(g)
- R : 기체상수(0.082L · atm/mol · k)
- T : 절대온도(K)

따라서 2atm×V

$$= \frac{200 \times 10^3 g}{16g} \times 0.082L \cdot atm/mol \cdot k \times (273+25)k$$

$$\therefore V = \frac{200 \times 10^3 g \times 0.082L \cdot atm/mol \cdot k \times (273+25)k}{2atm \times 16g}$$

$$= 152,725L = 1.53 \times 10^5 L$$

03 정답 ㉮

풀이

① 1차반응식 : $\ln \frac{C_t}{C_o} = -k \times t$

$$\ln\left(\frac{10mg/L}{100mg/L}\right) = -k \times 4hr$$

$$\therefore k = \frac{\ln\left(\frac{10mg/L}{100mg/L}\right)}{-4hr} = 0.5756/hr$$

② $\ln\left(\frac{C_t}{100mg/L}\right) = -0.5756/hr \times 3hr$

$$\therefore C_t = 100g/L \times e^{(-0.5756/hr \times 3hr)} = 17.79mg/L$$

04 정답 ㉮

풀이 ㉯ 조류 - 태양과 달의 영향으로 발생

㉰ 쓰나미 - 지진이나 화산에 의해 발생

㉱ 심해류 - 해수의 온도와 염분에 의한 밀도차에 의해 발생

05 정답 ㉯

풀이 $Na_2SO_3 + 0.5O_2 \rightarrow Na_2SO_4$

126g : 0.5×32g

X : 10×10^{-3}g/L×600L

$$\therefore X = \frac{126g \times 10 \times 10^{-3} g/L \times 600L}{0.5 \times 32g} = 47.25g$$

06 정답 ㉱

풀이

① $mol/L = \frac{W(g)}{V(L)} \Big| \frac{1mol}{분자량(g)} = \frac{0.4g}{1L} \Big| \frac{1mol}{40g}$

$= 0.01mol/L$

② $pH = 14 + \log[OH^-] = 14 + \log[0.01mol/L]$

$= 12.0$

TIP

① 1mol = 분자량(g)

② NaOH의 분자량 = 23+16+1 = 40g

③ 산성물질에서 $pH = -\log[H^+]$

④ 알칼리성물질에서 $pH = 14 + \log[OH^-]$

07 정답 ㉯

풀이 Henry법칙

① 적용기체는 난용성 기체로 CO, O_2, H_2, N_2, NO, NO_2 등이 있다.

② 비적용기체는 수용성 기체로 HCl, NH_3, HF, SO_2, Cl_2 등이 있다.

정답 01 ㉮ 02 ㉮ 03 ㉮ 04 ㉮ 05 ㉯ 06 ㉱ 07 ㉯

08 정답 ㉯

풀이

$$C_m = \frac{Q_1C_1+Q_2C_2}{Q_1+Q_2}$$

$$5mg/L = \frac{400,000m^3/day\times4mg/L+5,000m^3/day\times C_2}{(400,000+5,000)m^3/day}$$

$$\therefore C_2 = 85mg/L$$

09 정답 ㉰

풀이 ① $BOD_u = BDCOD$

$BOD_5 = BOD_u\times(1-10^{-k_1\times t})$

$300mg/L = BOD_u\times(1-10^{-0.2/day\times5day})$

$$\therefore BOD_u = \frac{300mg/L}{(1-10^{-0.2/day\times5day})} = 333.33mg/L$$

② $NBDCOD = COD-BDCOD$

$= 800mg/L-333.33mg/L$

$= 466.67mg/L$

10 정답 ㉰

풀이

1차반응식 : $\ln\frac{C_t}{C_o} = -k\times t \Rightarrow \ln\frac{C_t}{C_o} = -\left(\frac{Q}{V}\right)\times t$

$$\ln\frac{20mg/L}{100mg/L} = \left(\frac{-480m^3/day\times1day/24hr}{1,000m^3}\right)\times t$$

$$\therefore t = \frac{\ln\frac{20mg/L}{100mg/L}}{\left(\frac{-480m^3/day\times1day/24hr}{1,000m^3}\right)} = 80.47hr$$

11 정답 ㉰

풀이 ㉰ 심수층에 대한 설명이다.

12 정답 ㉯

풀이 ㉯ 현탁질(Suspensoid)상태이다.

13 정답 ㉰

풀이

① NaOH의 $eq/L = \frac{20\times10^4mg}{L}\Big|\frac{1g}{10^3mg}\Big|\frac{1eq}{40g} = 5N$

② $Ca(OH)_2$의 $eq/L = \frac{20\times10^4mg}{L}\Big|\frac{1g}{10^3mg}\Big|\frac{1eq}{74g/2}$

$= 5.41N$

③ $N_1V_1 = N_2V_2$

$5N\times40mL = 5.41N\times V_2$

$\therefore V_2 = 36.97mL$

TIP

① $\%\times10^4 = ppm$

② $ppm = mg/L$

③ $N = eq/L$

④ 1당량(eq) $= \frac{\text{분자량(g)}}{\text{가수}}$

14 정답 ㉮

풀이 ① $k(T) = k(20℃)\times1.047^{(T-20)}$

$= 0.1/day\times1.047^{(15-20)}$

$= 0.0795/day$

② $BOD_3 = BOD_u\times(1-10^{-k\times t})$

$$\frac{BOD_3}{BOD_u} = 1-10^{(-k\times t)} = 1-10^{(-0.0795/day\times3day)}$$

$= 0.42$

정답 08 ㉯ 09 ㉰ 10 ㉰ 11 ㉰ 12 ㉯ 13 ㉰ 14 ㉮

15 정답 ㉱

풀이 ㉱ log 성장 상태(대수 성장 상태)를 의미한다.

16 정답 ㉰

풀이

$$\text{마리} = \frac{(\text{BOD의 환경기준치 - 현재하천의 BOD})\text{kg/m}^3 \times \text{유량}(\text{m}^3/\text{day})}{\text{돼지의 BOD 배출량}(\text{kg/day} \cdot \text{마리})}$$

$$= \frac{(3-1)\times 10^{-3}\text{kg/m}^3 \times 50{,}000\text{m}^3/\text{day}}{0.4\text{kg/day} \cdot \text{마리}}$$

$$= 250\text{마리}$$

17 정답 ㉰

풀이 $C_6H_{12}O_6 + 6O_2 \rightarrow 6CO_2 + 6H_2O$

180g : 6×32g

600mg/L : COD

$$\therefore \text{COD} = \frac{600\text{mg/L}\times 6\times 32\text{g}}{180\text{g}} = 640\text{mg/L}$$

18 정답 ㉯

19 정답 ㉱

풀이

$$\text{나트륨 흡착률(SAR)} = \frac{Na^+}{\sqrt{\frac{Ca^{2+}+Mg^{2+}}{2}}}$$

20 정답 ㉯

풀이

$$\frac{\text{총경도(mg/L)}}{50\text{g}} = \frac{Ca^{2+}}{20\text{g}} + \frac{Mg^{2+}}{12\text{g}}$$

$$= \frac{20\text{mg/L}}{20\text{g}} + \frac{36\text{mg/L}}{12\text{g}}$$

$$\therefore \text{총경도} = \left(\frac{20\text{mg/L}}{20\text{g}} + \frac{36\text{mg/L}}{12\text{g}}\right)\times 50\text{g}$$

$$= 200\text{mg/L as } CaCO_3$$

정답 15 ㉱ 16 ㉰ 17 ㉰ 18 ㉯ 19 ㉱ 20 ㉯

memo